普通高等教育机械类专业基础课系列教材

工程制图习题集（第2版）

主　编　李　晶　胡晓洁
副主编　孙陆陆　郭　瑞
主　审　王　琳　刘　军

北京理工大学出版社

BEIJING INSTITUTE OF TECHNOLOGY PRESS

内容简介

本习题集与由吕海霞、李雪莱主编，北京理工大学出版社出版的《工程制图》（第2版）配套使用，编排顺序与该教材体系保持一致，习题的难易程度呈阶梯排列，具有一定的伸缩性，以便教师根据不同的要求灵活选用。

本习题集的主要内容有：制图的基本知识和基本技能、投影基础、立体的投影、组合体、图样画法、标准件与常用件、零件图、装配图。

本习题集适用于高等工科院校相关专业32～96学时工程制图课程的教学，也可供高专院校、函授大学、电视大学相应专业以及有关工程技术人员参考。

版权专有　侵权必究

图书在版编目（CIP）数据

工程制图习题集／李晶，胡晓洁主编．-- 2版．--
北京：北京理工大学出版社，2022.7

ISBN 978-7-5763-1495-3

Ⅰ．①工… Ⅱ．①李…②胡… Ⅲ．①工程制图－高等学校－习题集 Ⅳ．①TB23－44

中国版本图书馆CIP数据核字（2022）第122843号

出版发行／北京理工大学出版社有限责任公司
社　　址／北京市海淀区中关村南大街5号
邮　　编／100081
电　　话／（010）68914775（总编室）
　　　　　（010）82562903（教材售后服务热线）
　　　　　（010）68944723（其他图书服务热线）
网　　址／http://www.bitpress.com.cn
经　　销／全国各地新华书店
印　　刷／三河市天利华印刷装订有限公司
开　　本／787毫米×1092毫米　1/16
印　　张／16.75
插　　页／3　　　　　　　　　　　　　　　　　　　　　责任编辑／曾　仙
字　　数／175千字　　　　　　　　　　　　　　　　　　文案编辑／曾　仙
版　　次／2022年7月第2版　2022年7月第1次印刷　　　责任校对／周瑞红
定　　价／38.00元　　　　　　　　　　　　　　　　　　责任印制／李志强

图书出现印装质量问题，请拨打售后服务热线，本社负责调换

前 言

本习题集按照教育部工程图学教学指导委员会于2015年提出的"普通高等学校工程图学课程教学基本要求"和"普通高等学校计算机图形学基础课程教学基本要求"，全面贯彻最新颁布的《技术制图》和《机械制图》国家标准，总结并吸取了近年来教学改革的成功经验，适合于高等院校相关专业32~96学时工程制图课程的教学。

本习题集的编写工作由大连科技学院的李晶、胡晓洁、孙陆陆、郭瑞、姚金池、赵文娟、吕海霞、李雪莱、朱洪军、樊琳琳、张铭真和冰山冷热科技股份有限公司的曹兴中合作完成。具体分工为：李晶编写第1章和第2章；胡晓洁编写第3章和第6章；郭瑞、姚金池、李雪莱、朱洪军编写第4章；孙陆陆编写第5章；郭瑞编写第7章；吕海霞、樊琳琳、赵文娟、张铭真编写第8章；赵文娟和樊琳琳制作习题答案（电子资源），曹兴中核对所引用标准的有效性及标记方式。本习题集由大连科技学院的王琳、刘军主审。

本习题集在编写过程中参考了相关教材、习题集等文献，在此谨向有关作者表示衷心的感谢。

由于编者水平有限，书中不当之处在所难免，敬请读者批评指正。

编 者
2022 年 5 月

目 录

第1章 制图的基本知识和基本技能 …… 1

第2章 投影基础 …… 12

第3章 立体的投影 …… 28

第4章 组合体 …… 38

第5章 图样画法 …… 67

第6章 标准件与常用件 …… 92

第7章 零件图 …… 108

第8章 装配图 …… 119

参考文献 …… 131

第 1 章 制图的基本知识和基本技能

1－1 字体练习。

$1 2 3 4 5 6 7 8 9 10$ $\phi 30^{+0.010}_{-0.015}$ 10^2 $45°$

$0 1 2 3 4 5 6 7 8 9 \phi$ $Ⅰ Ⅱ Ⅲ Ⅳ Ⅴ Ⅵ Ⅶ Ⅷ Ⅸ Ⅹ$

$\phi 30±0.005$ $45°$ $C2$ $8×\phi 8 EQS$ $M8×40$

$M20-5g6g-S$ $Ra12.5$ HRC HB

机械制图国家标准技术要求

滚 动 轴 承 齿 轮 油 泵 螺 纹 阶 梯 剖 视 断 面

A B C D E F G H I J K L M

N O P Q R S T U V W X Y Z

a b c d e f g h i j k l m

n o p q r s t u v w x y z

| 班 级 | | 姓 名 | | 学 号 | | 审 阅 | | 1 |

1-2 参照下图，按给定尺寸以1:2比例画出图形并标注。

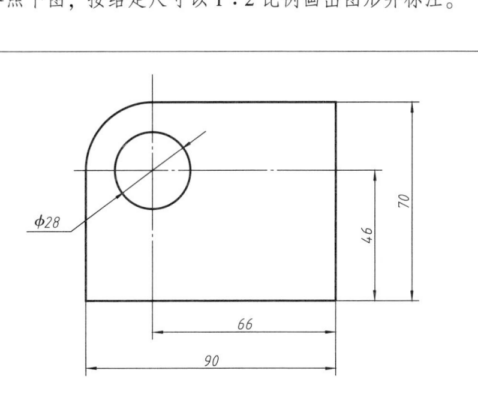

1-3 把下图抄画在图纸上（尺寸自定），按粗实线宽度为0.7 mm确定各图线的宽度。

(1)

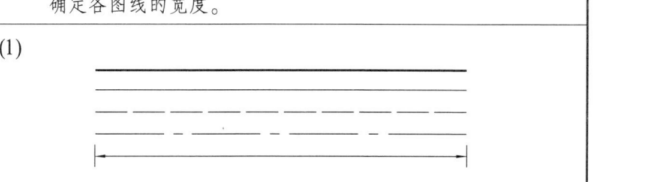

(2)

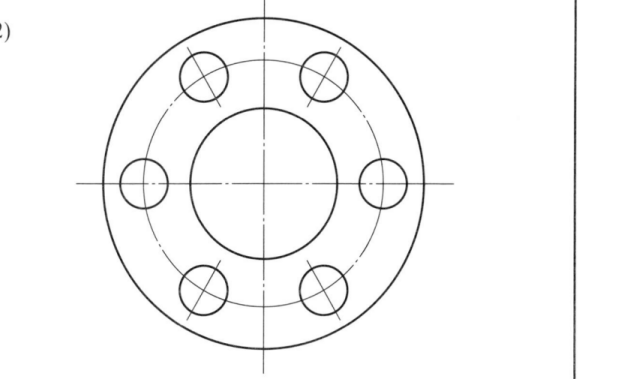

(3)

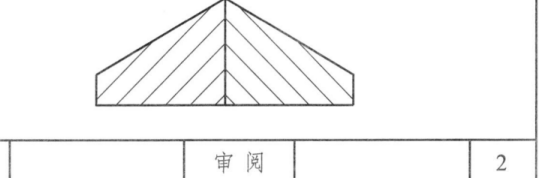

班 级		姓 名		学 号		审 阅		2

1-4 按1:1比例，抄画带有斜度为1:5的图形。

1-5 按1:1比例抄画带有锥度为1:4的图形。

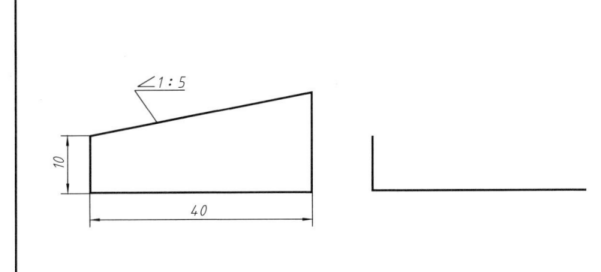

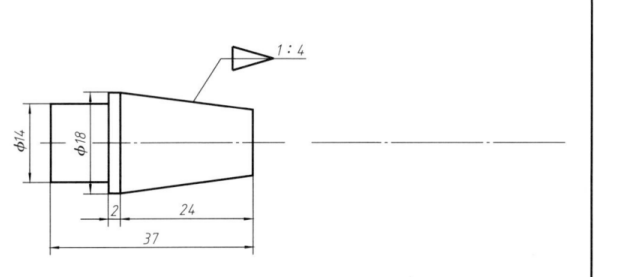

1-6 已知正六边形的内切圆直径为40 mm，求作正六边形。

1-7 已知椭圆的长轴 AB 为50 mm，短轴 CD 为30 mm，用四心圆法求作椭圆。

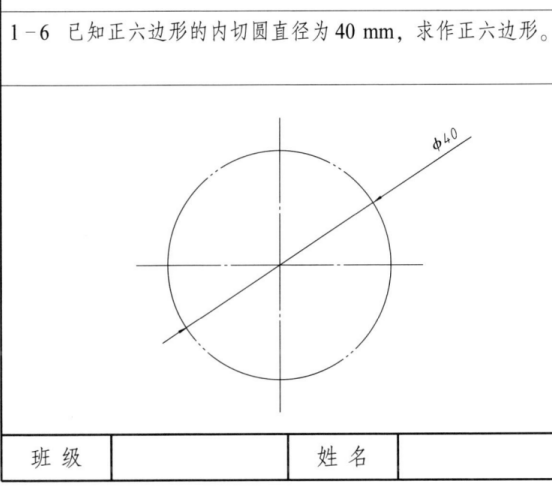

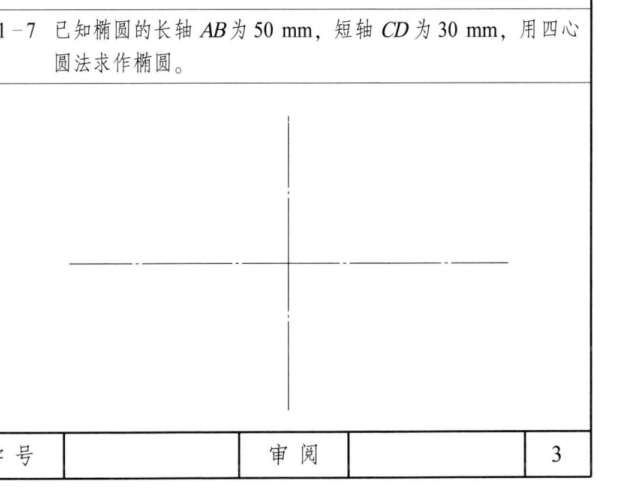

| 班 级 | | 姓 名 | | 学 号 | | 审 阅 | | 3 |

1－8 等分作图。

(1) 利用圆（分）规作内接正三边形，顶点在正上方。

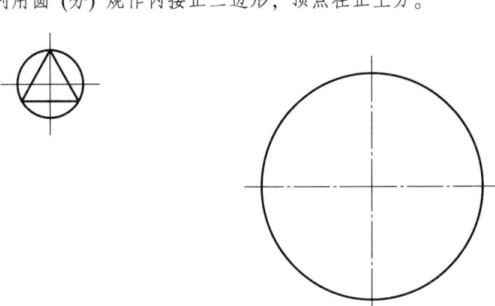

(2) 利用圆（分）规作内接正六边形，顶点在正上方。

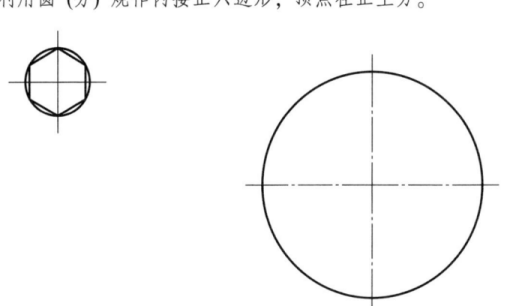

(3) 将直线 AB 五等分。

(4) 以 CD 为底边作正三角形。

班 级		姓 名		学 号		审 阅		4

1-9 用圆弧连接两直线。

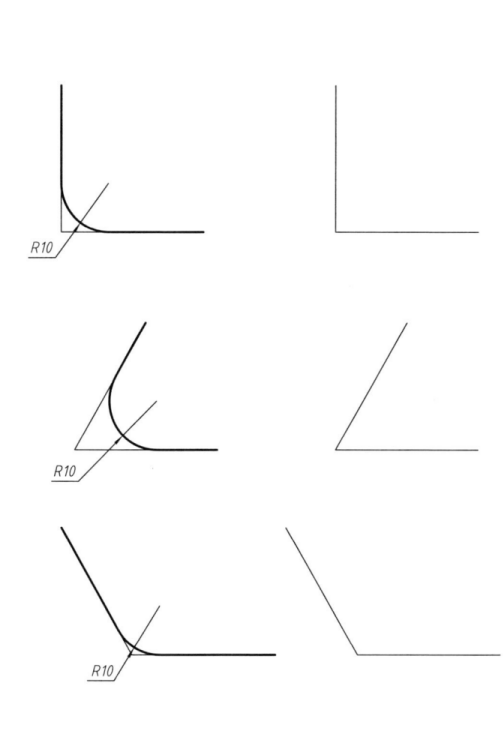

1-10 尺寸标注（直接在图中量取尺寸后取整数标注）。

(1) 标注各方向尺寸数字。

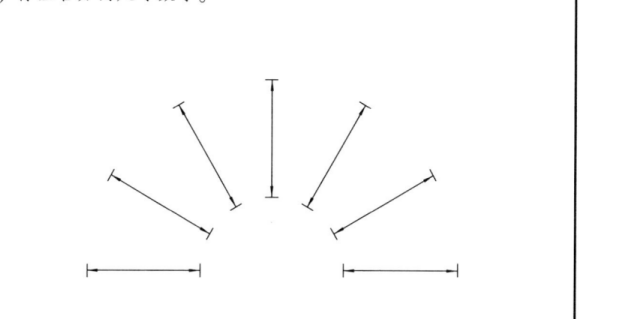

(2) 标注角度。

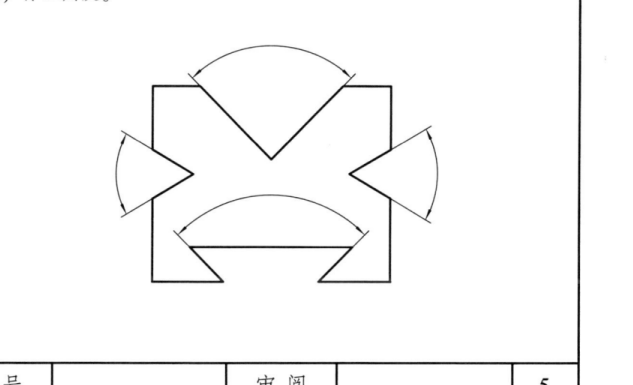

班 级		姓 名		学 号		审 阅		5

1-11 尺寸标注 (直接在图中量取尺寸后取整数标注)。

(1) 标注狭小部分尺寸。

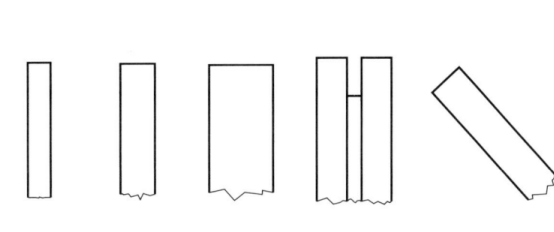

(2) 标注圆的直径。

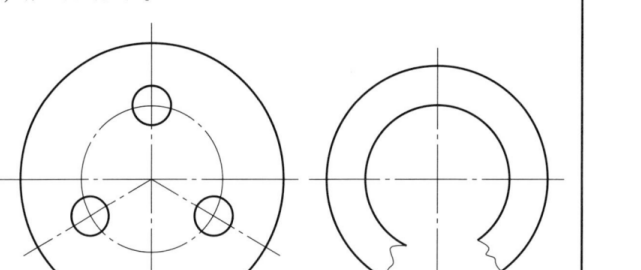

(3) 标注全部尺寸。

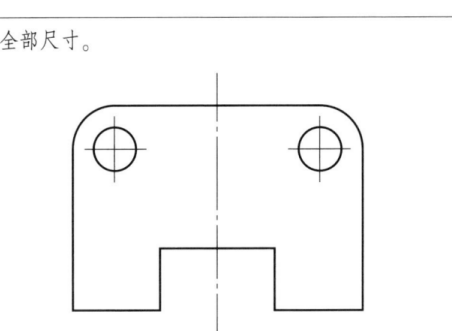

(4) 标注全部尺寸。

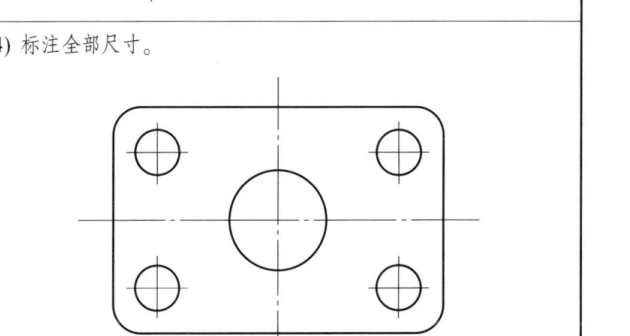

班 级		姓 名		学 号		审 阅	

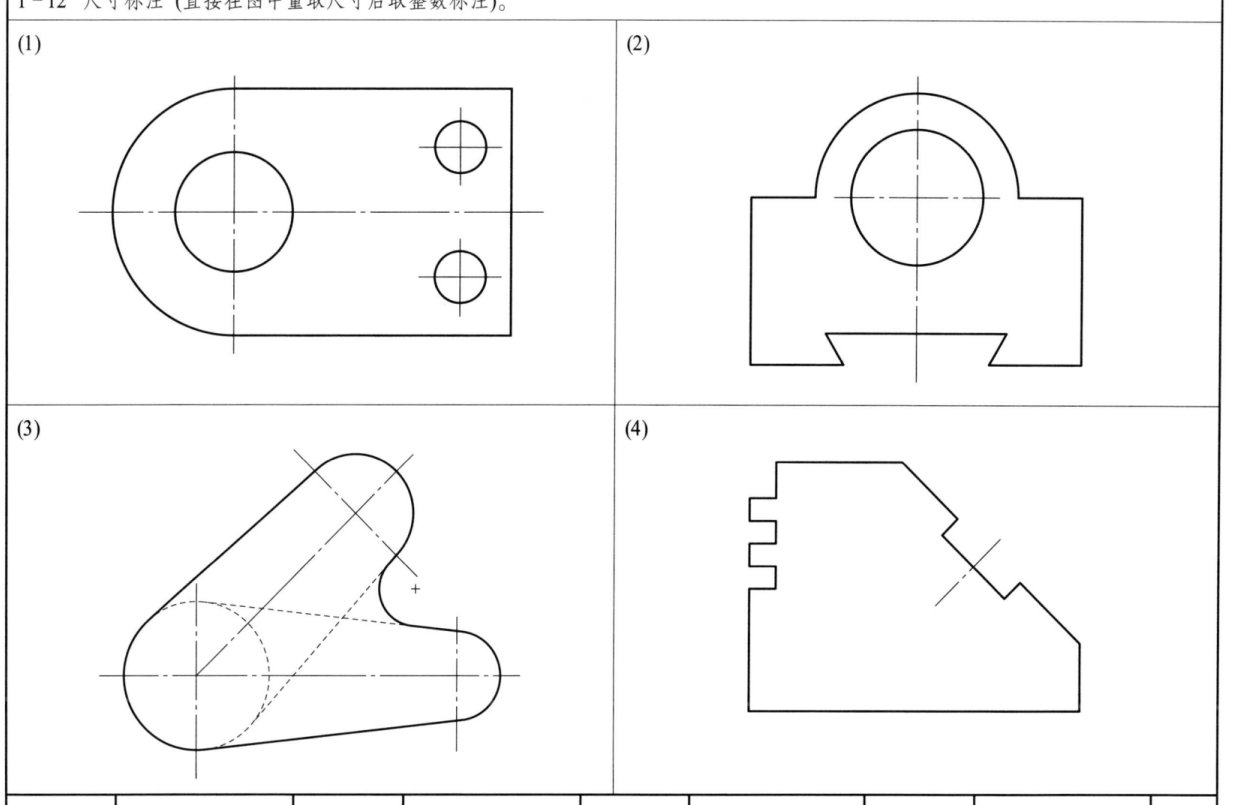

1-13 尺寸标注（直接在图中量取尺寸后取整数标注）。

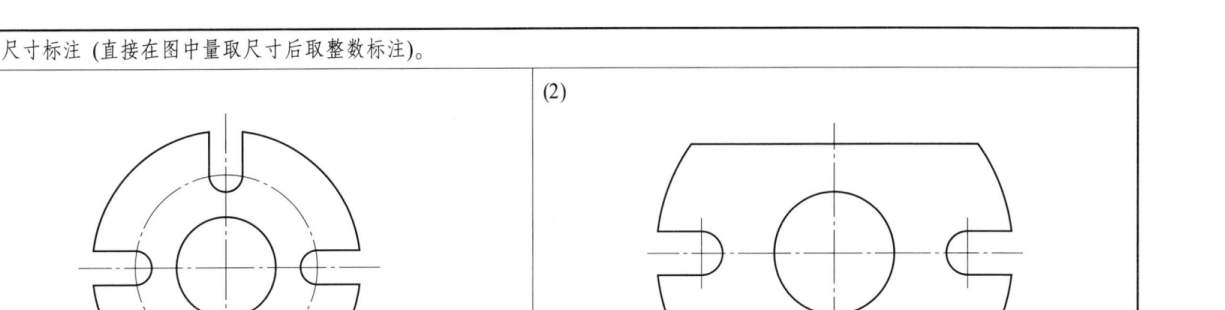

1-14 图（a）中存在错误的尺寸标注，请在图（b）上正确标注。

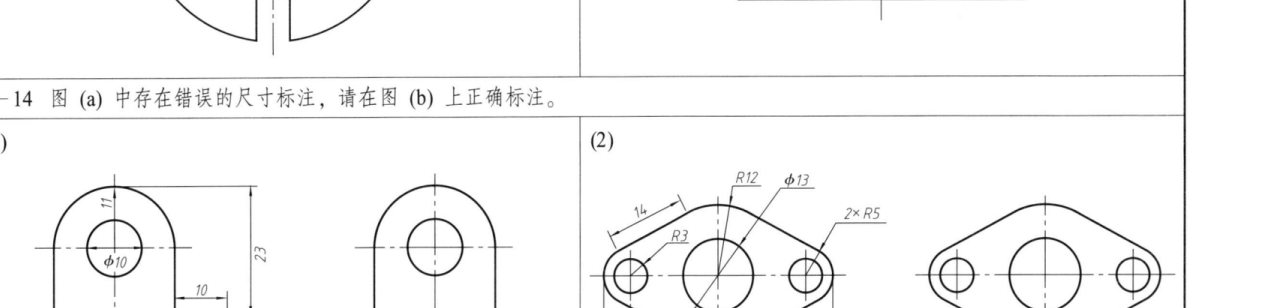

班 级	姓 名	学 号	审 阅	8

1-15 绘制下列平面图形。

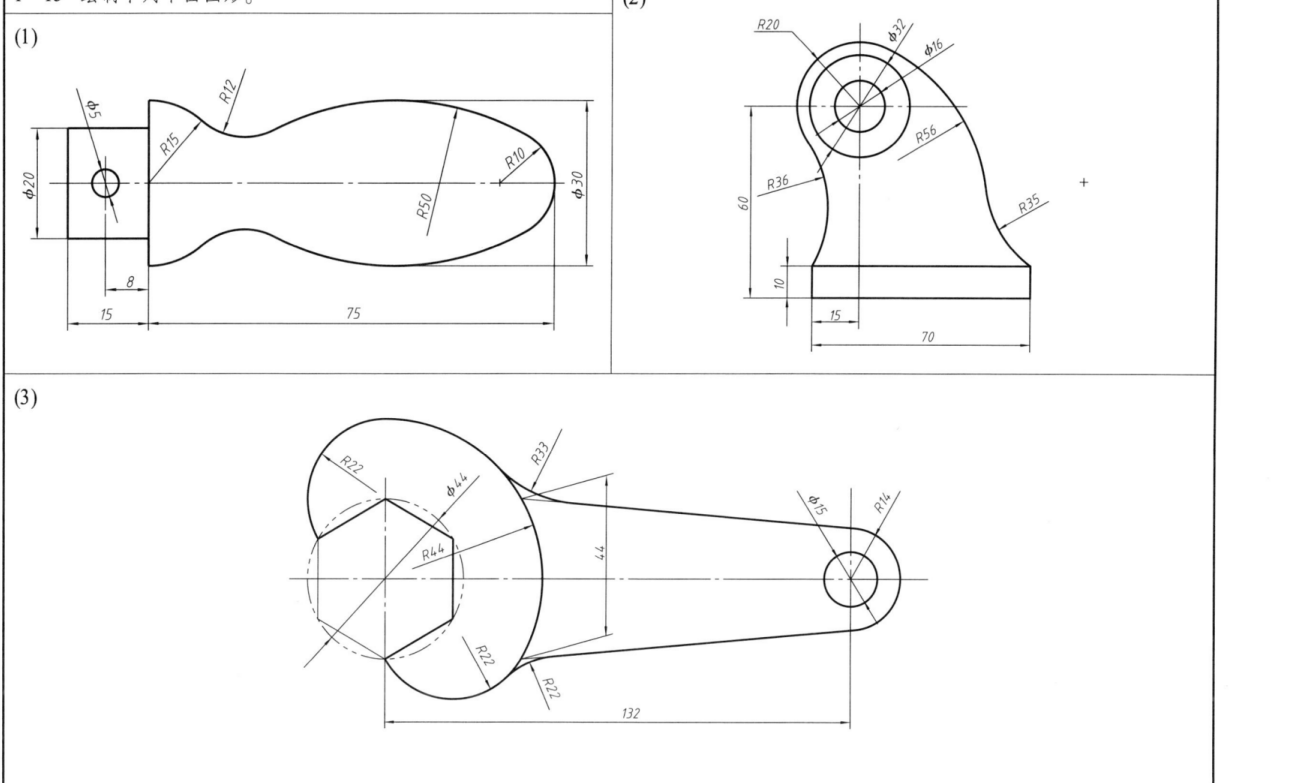

| 班 级 | | 姓 名 | | 学 号 | | 审 阅 | 9 |

1-16 按1∶1的比例绘制挂轮架。

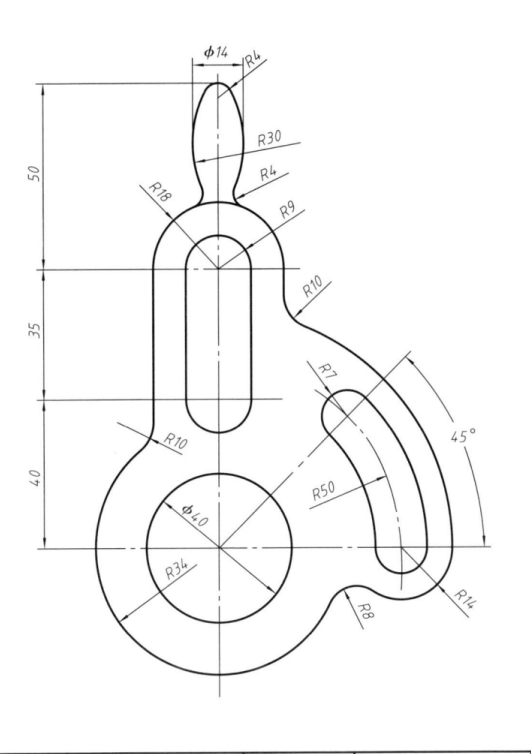

1-17 按1∶1的比例绘制虎头钩。

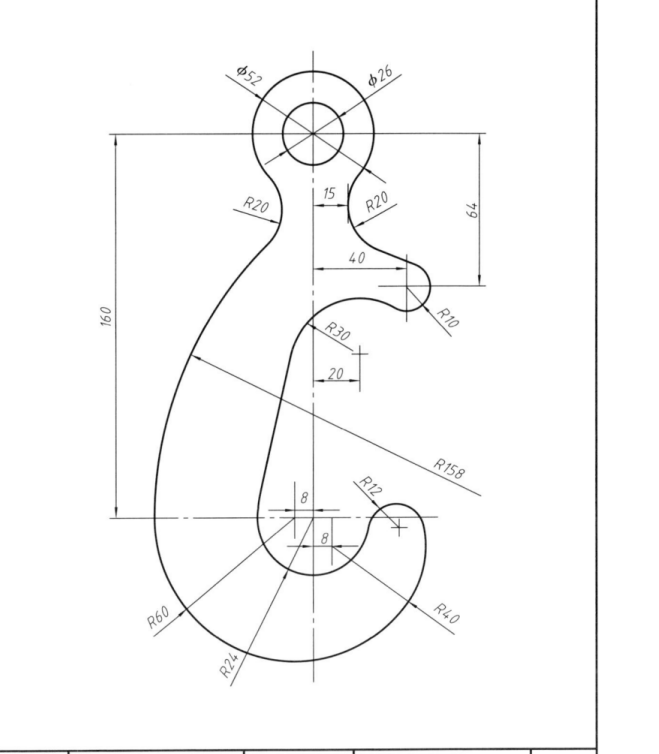

班 级		姓 名		学 号		审 阅		10

1-18 按 1:1 的比例绘制吊钩。

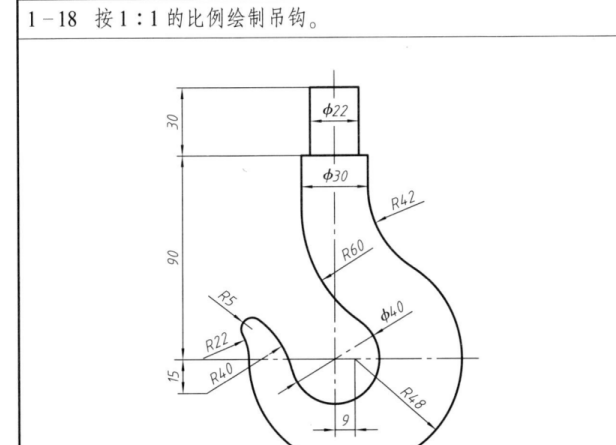

1-19 填空题。

1. 制图国家标准规定，绘制图样时，应优先采用代号为（　　）至（　　）的基本幅面，共（　　）种。必要时，图纸幅面尺寸可以沿（　　　）边加长。
2. 将 $A0$ 幅面的图纸裁切三次，应得到（　　）张图纸，其幅面代号为（　　）。
3. 图框线用（　　）线画出，同一产品的图样只能采用（　　）种图框格式。
4. 绘制指示看图方向的方向符号时应采用（　　）绘制。
5. 标题栏位置在图纸的（　　　　　）。
6. 一般情况下，标题栏中的文字方向为（　　）方向。若标题栏的长边与图纸的长边垂直时，看图的方向与看标题栏的方向（　　）（一致，不一致）。
7. 用放大一倍的比例绘图，在标题栏的比例项中应填写（　　　　）。
8. 若采用 $1:5$ 的比例绘制一个直径为 $\phi 40$ mm 的圆，其绘图直径为（　　）mm。
9. 同一机件如采用不同的比例画出图样，其图形大小（　　）（相同，不相同），但图样上所标注的尺寸数值（　　　）（相同，不相同）。
10. 国家标准规定，图样中汉字应写成（　　）体，汉字字宽约为字高 h 的（　　）倍。
11. 字体的号数，即字体的（　　），分（　　　　　　　　　　）八种，要书写更大的汉字，字高应按（　　）的比例递增。
12. 制图国家标准规定，字母写成斜体时，字头向右倾斜，与水平基准成（　　）。
13. 在绘制图样时，其断裂处的分界线，一般采用国家标准规定的（　　）线，绘制圆的对称中心线时，圆心应为（　　　）的交点。
14. 图样上标注的尺寸，一般由（　　　　　　　　）组成。
15. 在机械图样中标注直径时，应在尺寸数字前加注（　　　　）。
16. 标注半径尺寸时，（　　　　　　　　　　）必须通过圆心。
17. 零件的每一尺寸，一般只标注（　　　　　），并应注在反映该形状最清晰的图形上。
18. 机械图样上所注的尺寸，为该图样所示零件的（　　　），否则应另加说明。
19. 机械图样中的尺寸一般以（　　　　）为单位时，不需要标注其计量单位符号，若采用其他计量单位则必须标明。
20. 国家标准规定，标注板状零件厚度时，必须在尺寸数字前加注厚度符号（　　）。

班 级	姓 名	学 号	审 阅	11

第 2 章 投影基础

2－1 已知 $A(10,20,30)$，$B(12,8,20)$，$C(25,15,10)$ 三点的坐标，求作三点的三面投影。

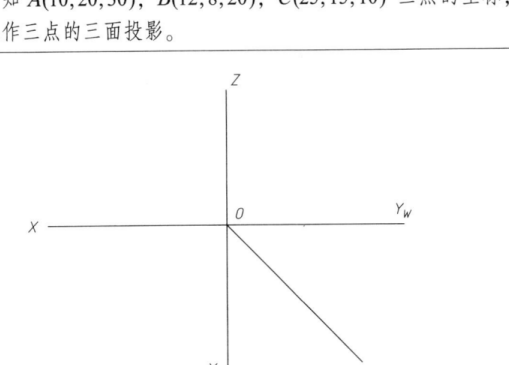

2－2 求各点的未知投影。

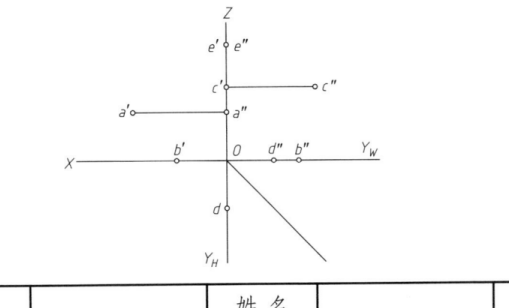

2－3 参照立体图，在三视图中标出各点的三面投影，并填空。

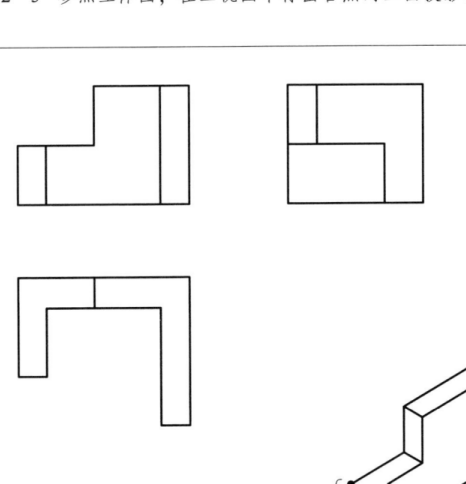

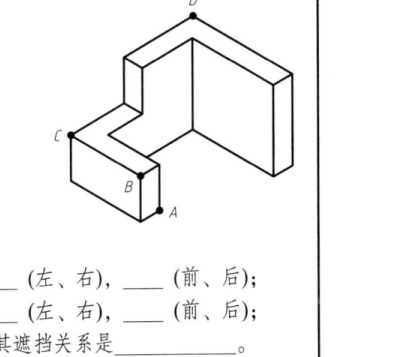

点 A 在点 C＿＿（上、下），＿＿（左、右），＿＿（前、后）；

点 B 在点 D＿＿（上、下），＿＿（左、右），＿＿（前、后）；

点 B 与点 C 是对＿＿重影点，其遮挡关系是＿＿＿＿＿＿。

2-4 已知点的两面投影，求作第三面投影，并比较两点空间位置（直接在图中量取尺寸后取整数填空）。

2-5 已知点 B 距点 A 15 mm；点 C 与点 A 是对 V 面的重影点；点 D 在点 A 的正下方 15 mm。求作各点的三面投影。

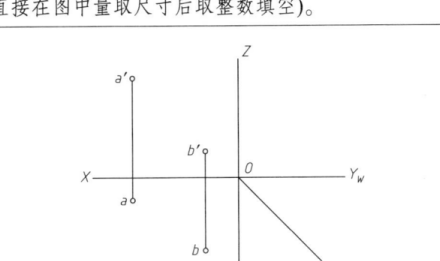

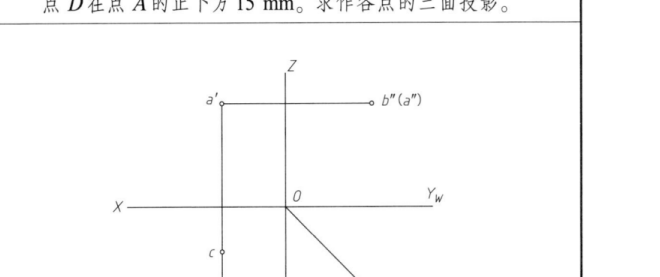

比前后：点 A 比点 B _____ mm；比左右：点 A 比点 B _____ mm；
比上下：点 A 比点 B _____ mm。

2-6 已知点 A 的两面投影，点 B 在点 A 左方 10 mm，其三坐标相等；点 C 在点 B 下 6 mm，Y 坐标比点 B 的 Y 坐标小 4 mm，且与 X 坐标相等。求作各点的三面投影。

2-7 已知点 A 到三个投影面距离均为 14 mm，点 B 在 V 面上，且在点 A 上方 8 mm、左方 12 mm。求作点 A，B 的三面投影。

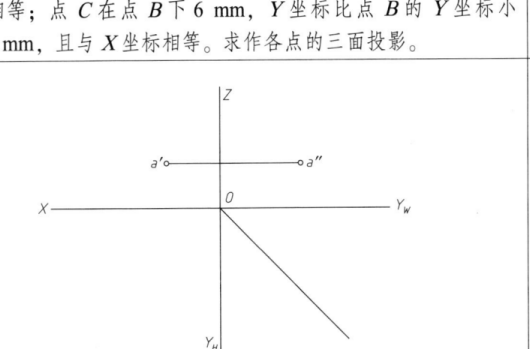

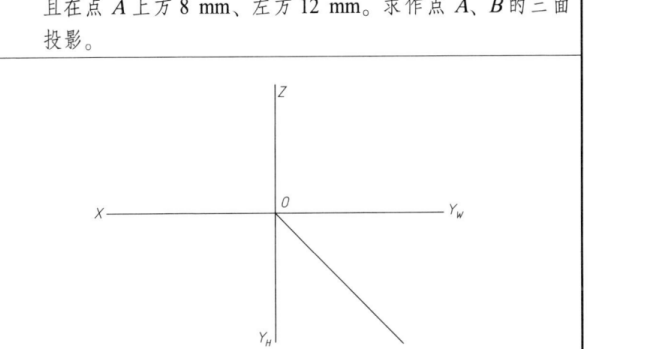

2-8 根据给出的无轴投影，求作 B、C 两点的第三面投影。

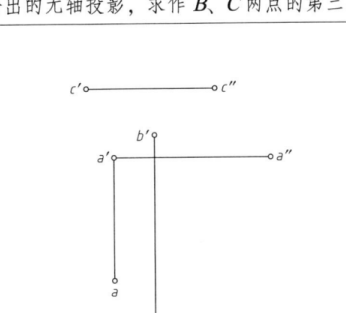

2-9 已知直线 AB、AC 的两面投影，求作第三面投影。

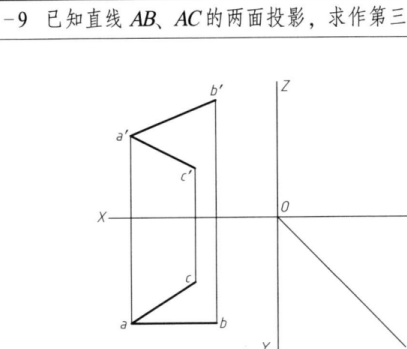

2-10 已知直线上两端点 $A(12,10,8)$ 和 $B(15,17,20)$ 的坐标，求作直线 AB 的三面投影。

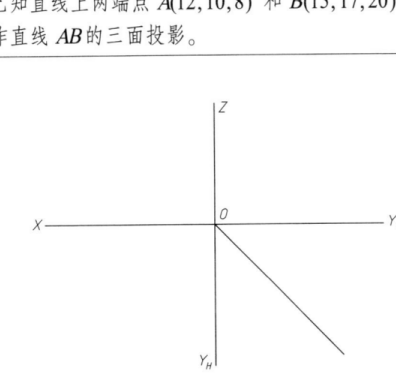

2-11 已知点 A 的两面投影，点 B 在点 A 右侧，且 AB = 16 mm，求作该侧垂线的三面投影。

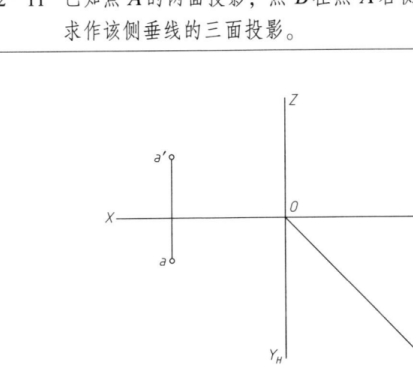

班 级	姓 名	学 号	审 阅	14

2-12 已知直线的两面投影，求作第三面投影，并分析直线与投影面的相对位置。

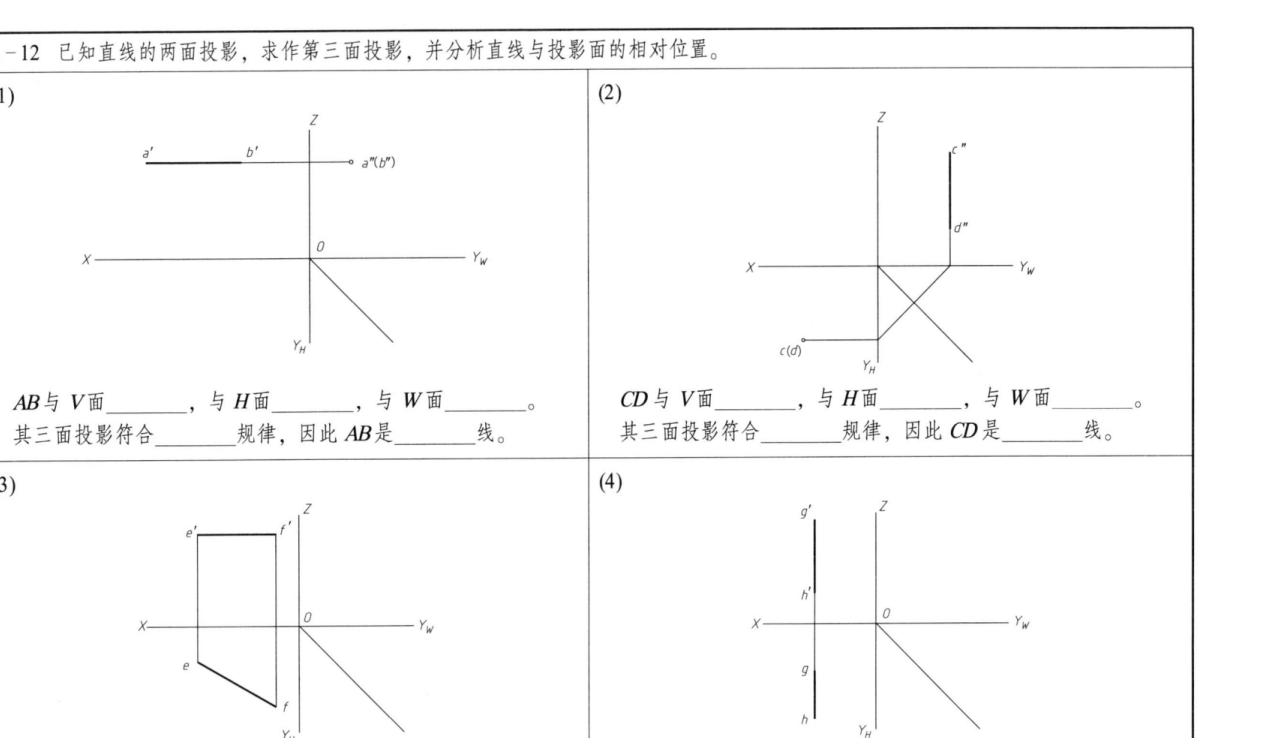

(1)

AB与V面_____，与H面_____，与W面_____。
其三面投影符合_____规律，因此AB是_____线。

(2)

CD与V面_____，与H面_____，与W面_____。
其三面投影符合_____规律，因此CD是_____线。

(3)

EF与V面_____，与H面_____，与W面_____。
其三面投影符合_____规律，因此EF是_____线。

(4)

GH与V面_____，与H面_____，与W面_____。
其三面投影符合_____规律，因此GH是_____线。

班 级		姓 名		学 号		审 阅		15

2-13 已知直线的两面投影，求作第三面投影，并分析直线与投影面的相对位置。

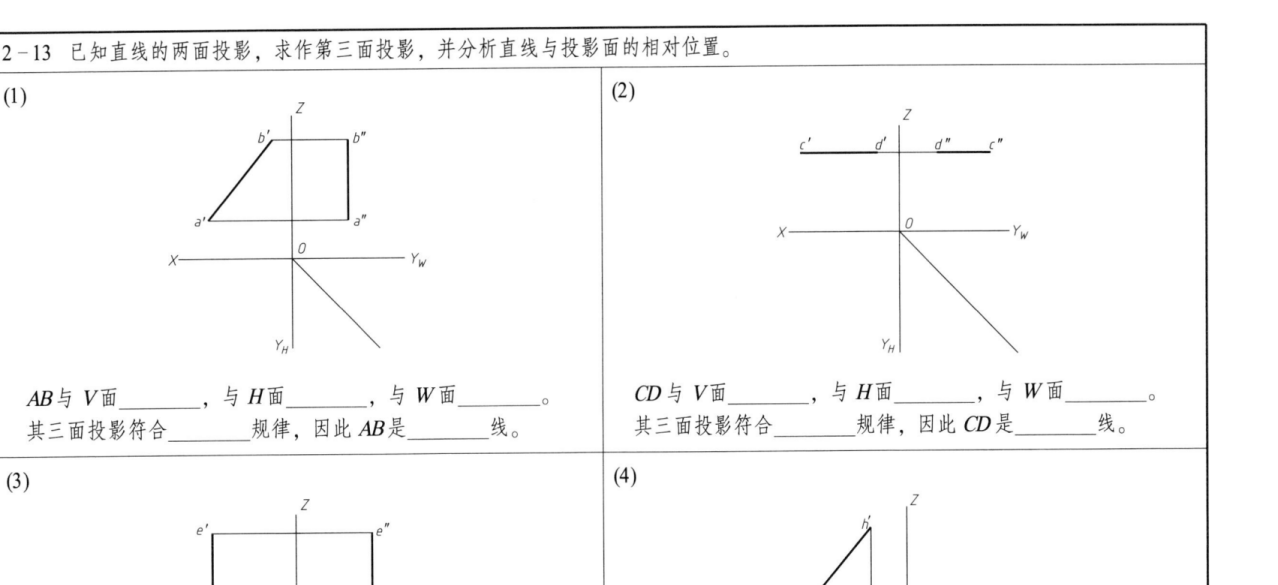

(1)

AB 与 V 面_____，与 H 面_____，与 W 面_____。
其三面投影符合_____规律，因此 AB 是_____线。

(2)

CD 与 V 面_____，与 H 面_____，与 W 面_____。
其三面投影符合_____规律，因此 CD 是_____线。

(3)

EF 与 V 面_____，与 H 面_____，与 W 面_____。
其三面投影符合_____规律，因此 EF 是_____线。

(4)

GH 与 V 面_____，与 H 面_____，与 W 面_____。
因此，GH 是_____线。

2-14 已知点 A 的两面投影，点 B 在点 A 的右方 10 mm、后方 8 mm、上方 5 mm 处，求作直线 AB 的三面投影。

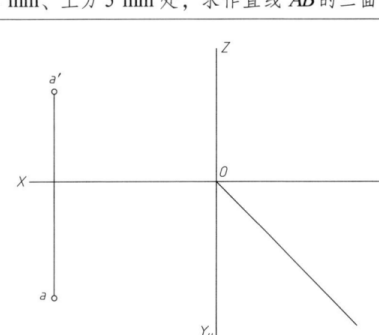

2-15 参考立体图，在投影图上标注直线的投影，并填写直线名称。

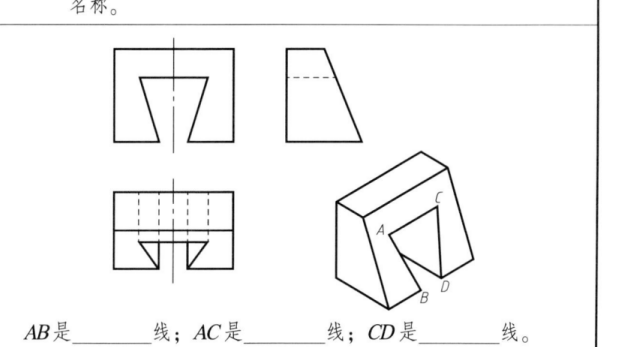

AB 是_____线；AC 是_____线；CD 是_____线。

2-16 已知 A、B、C 三点共线，完成直线 ABC 和各点的两面投影。

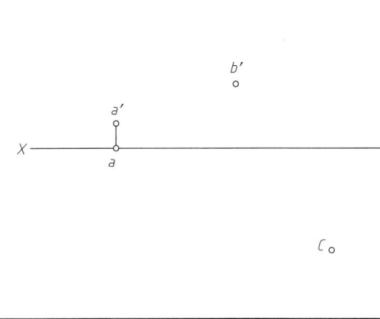

2-17 过点 A 作直线 $AB // EF$，并填空（长度自定）。

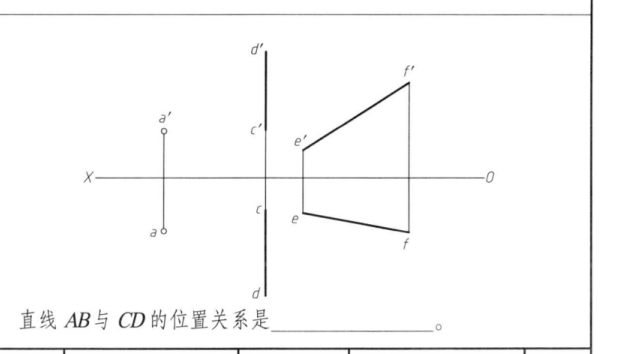

直线 AB 与 CD 的位置关系是_____。

班 级		姓 名		学 号		审 阅		17

2-18 判断下列两直线的相对位置 (相交、平行、交叉)。

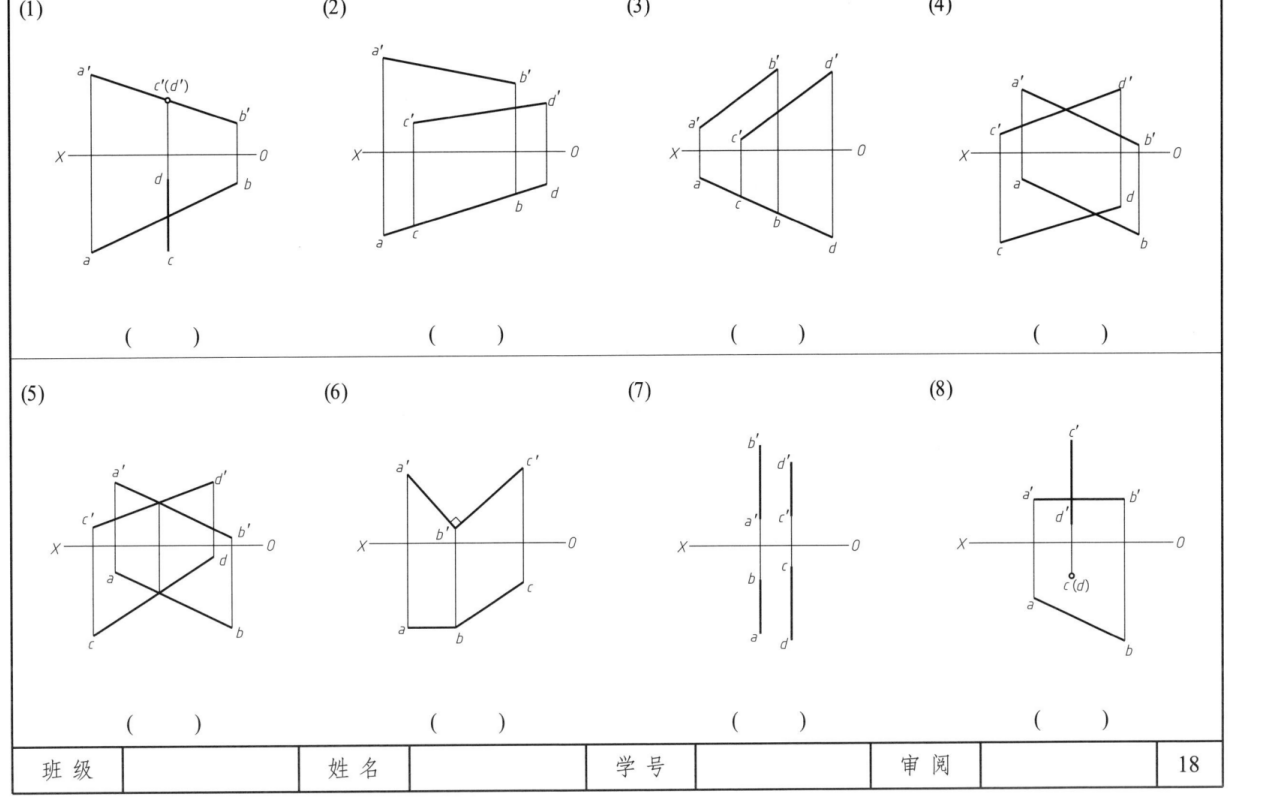

2-19 根据已知条件补全直线的三面投影。

(1) AB是侧平线，距 W 面 15 mm。

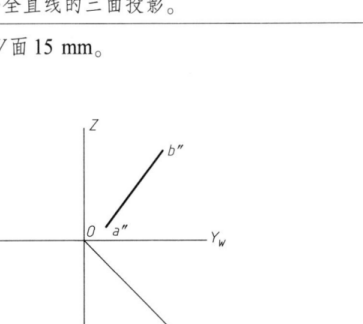

(2) CD是一般位置直线，点 C 在 V 面前方 15 mm，点 D 属于 V 面。

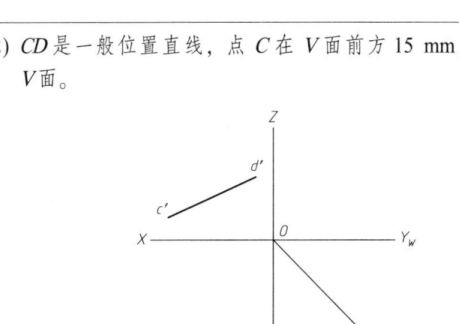

(3) EF是正垂线，在 H 面上方 15 mm 处。

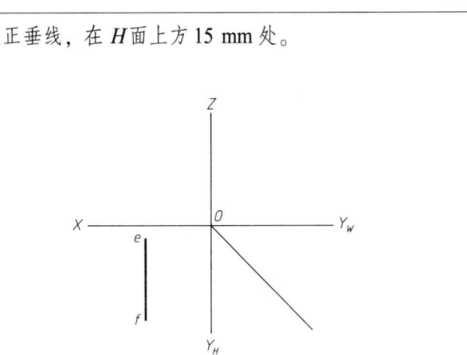

2-20 点 K 在直线 AB 上，求作点 K 的两面投影。

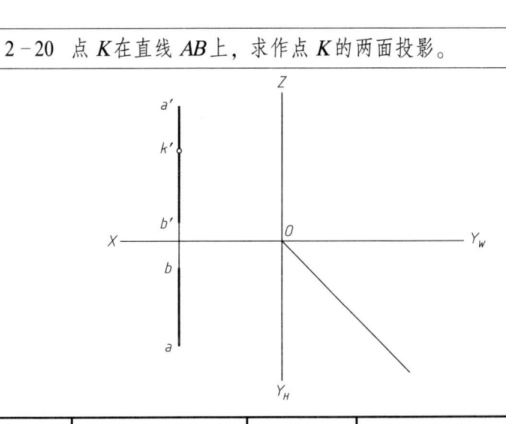

2-21 点 C 在直线 AB 上，且 $AC = 10$ mm，求作点 C 的两面投影。

2-22 点 C 在直线 AB 上，且 $AC : CB = 2 : 1$，求作点 C 的两面投影。

2-23 已知点 B 距 H 面为 15 mm，求作直线 AB 的两面投影。

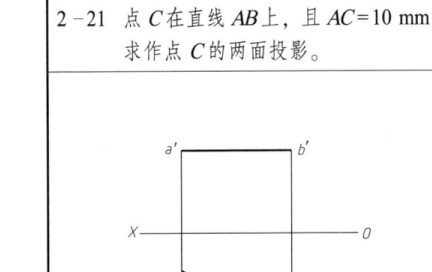

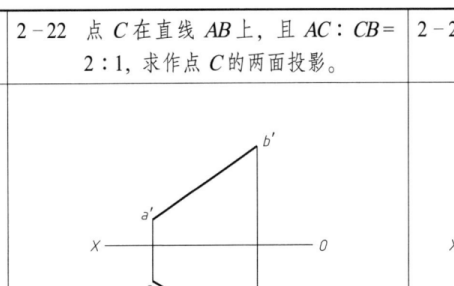

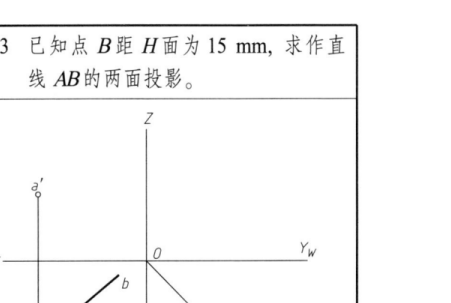

2-24 在直线 AB 上求一点 K，使 $BK = 15$ mm。

2-25 利用直角三角形法求直线 AB 的实长和 α、β 角。

2-26 求直线 AB 的实长和对 W 投影面的倾角。

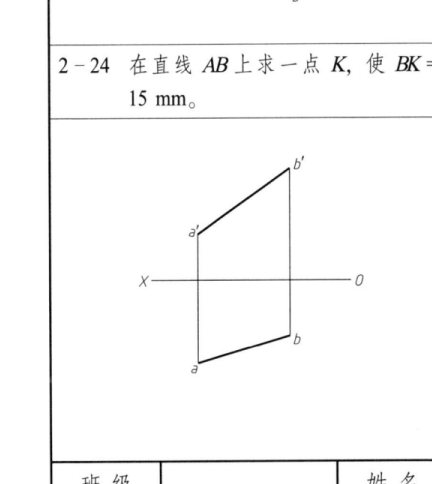

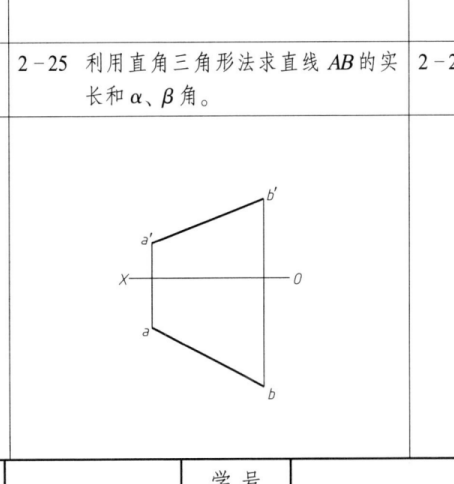

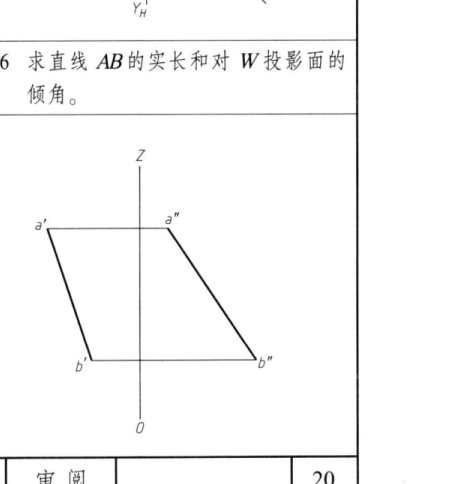

班 级		姓 名		学 号		审 阅		20

2-27 根据各平面图形对投影面的相对位置，分别填出它们的名称。

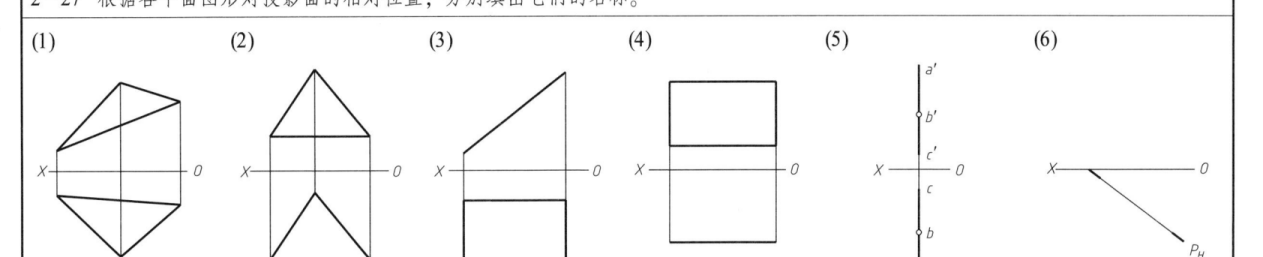

2-28 参考立体图，在投影图上标注平面 P、Q、R 的投影，并填写平面名称。

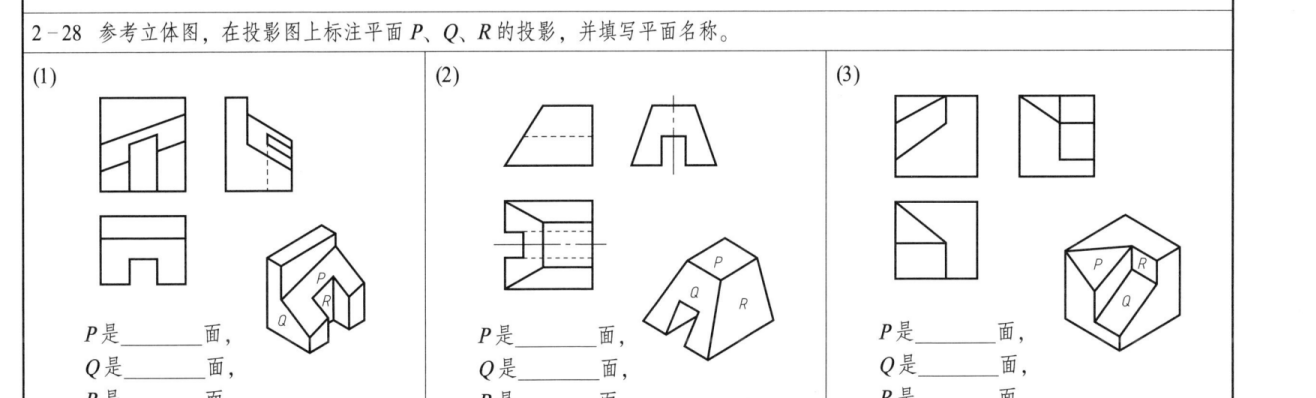

2-29 已知 $\triangle ABC$ 的顶点 $A(15,5,2)$，$B(10,25,20)$，$C(30,20,10)$ 的坐标，求作 $\triangle ABC$ 的三面投影。

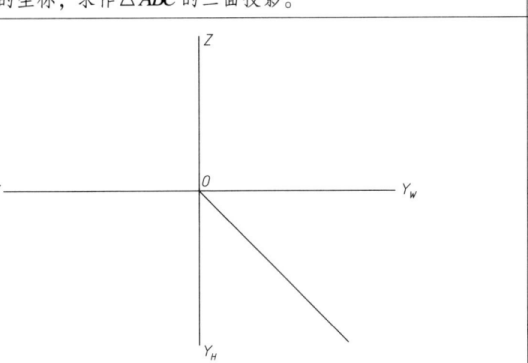

2-30 已知点 A 的两面投影，作一以点 A 为圆心、直径为 $\phi 20$ mm的侧平面圆。

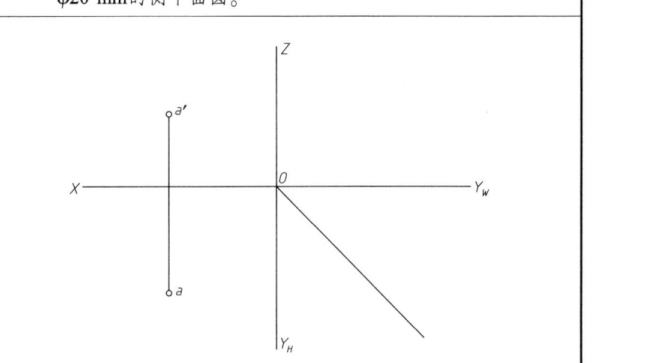

2-31 补全平面图形 $ABCDEF$ 及该平面上点 K 的三面投影。

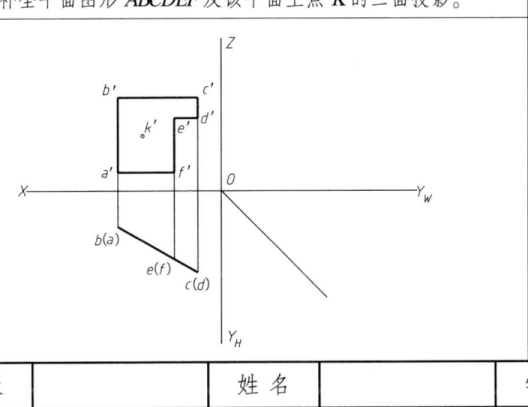

2-32 求 $\triangle ABC$ 的第三投影及平面上直线段 DE 的另外两个投影。

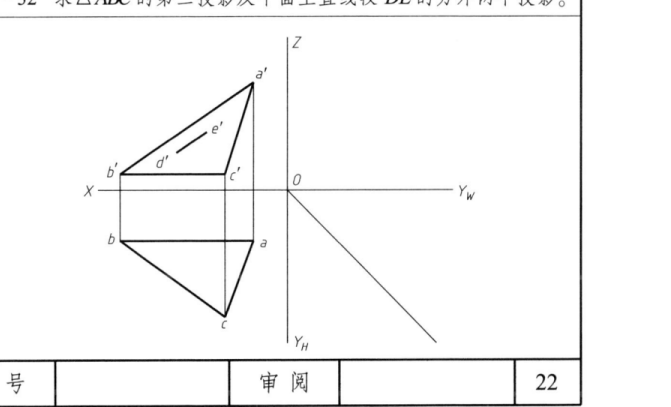

班 级		姓 名		学 号		审 阅		22

2-33 判断下列直线是否共面（是、否）。

(1)

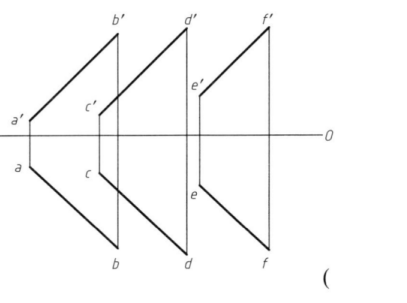

（　　）

(2)

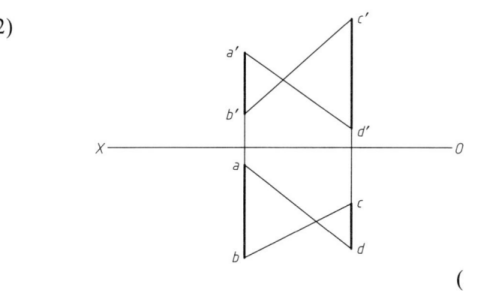

（　　）

2-34 判别 A、B、C、D 四点是否在同一平面上（是、否）。

2-35 已知 $\triangle ABC$、点 K 及直线 AD 的两面投影，试判断直线 AD 和点 K 是否在 $\triangle ABC$ 上（是、否）。

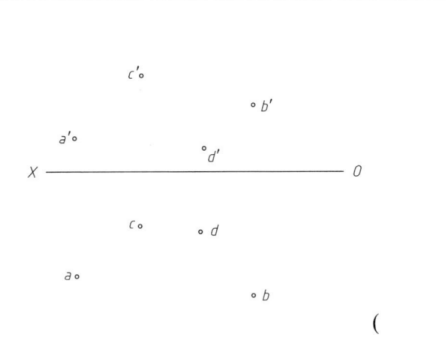

（　　）

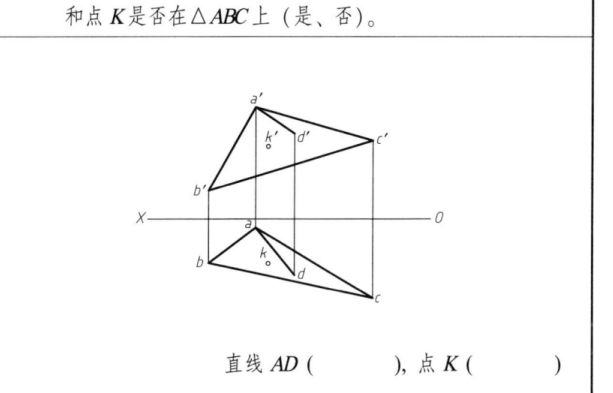

直线 AD（　　），点 K（　　）

班 级		姓 名		学 号		审 阅		23

2-36 已知平面 $ABCD$ 的 V 面投影，且 AB 为正平线，完成平面的 H 面投影。

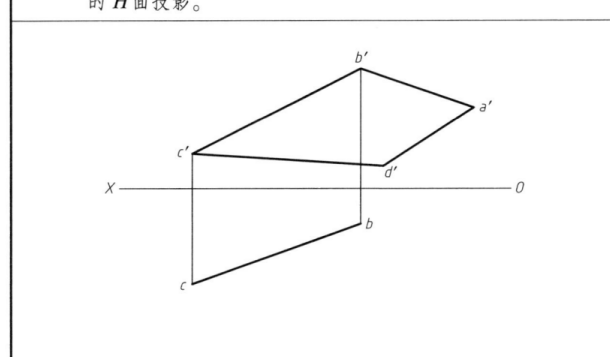

2-37 已知 $BC // DE // AF$，$AB // EF // CD$，完成平面图形的正面投影。

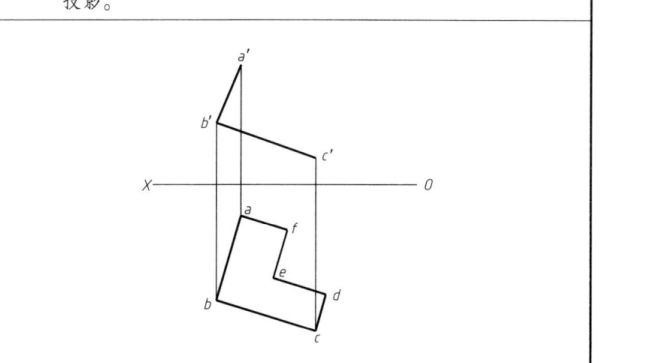

2-38 完成平面图形 $ABCDE$ 的水平投影。

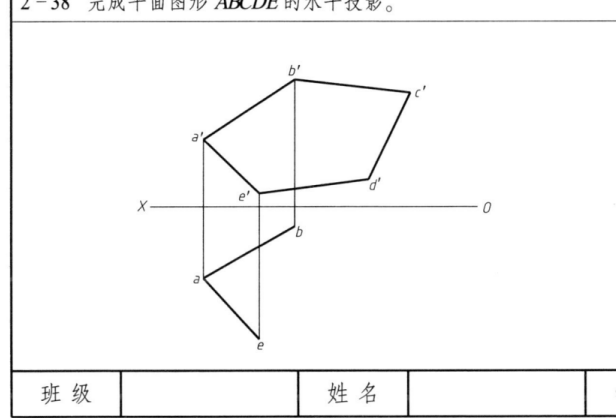

2-39 已知直线 MN 平行于平面 ABC，求 abc。

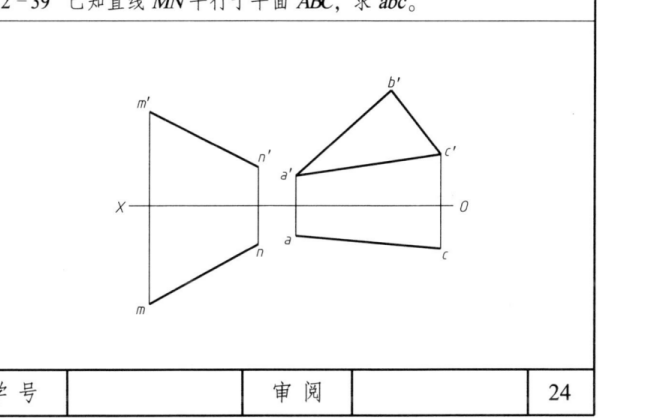

班 级	姓名	学 号	审 阅	24

2-40 判断下列各投影图中直线与平面或两平面的相对位置 (平行、相交)。

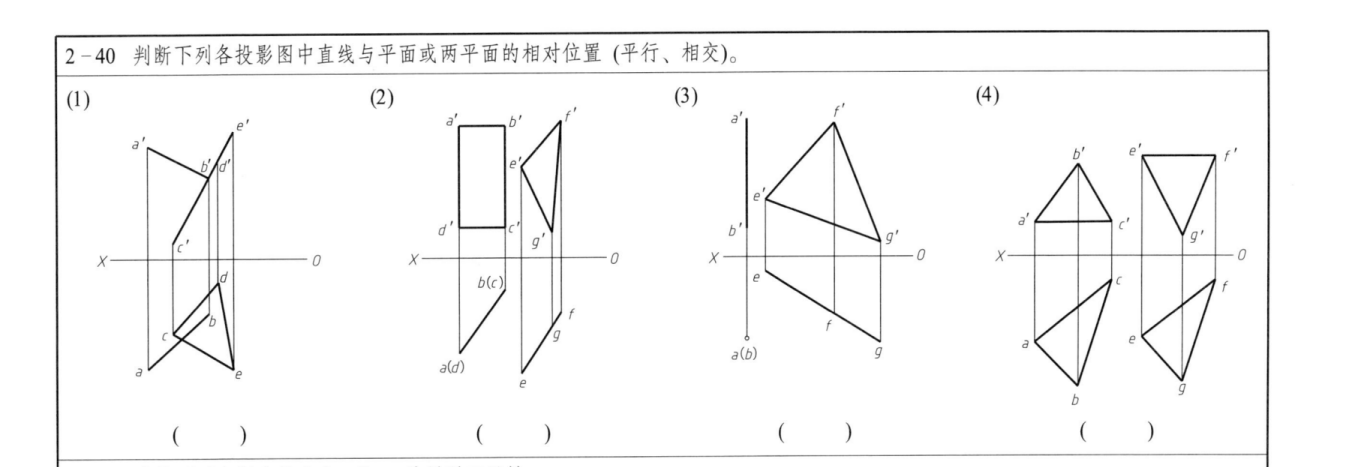

2-41 求作下列各题中的交点 (线), 并判别可见性。

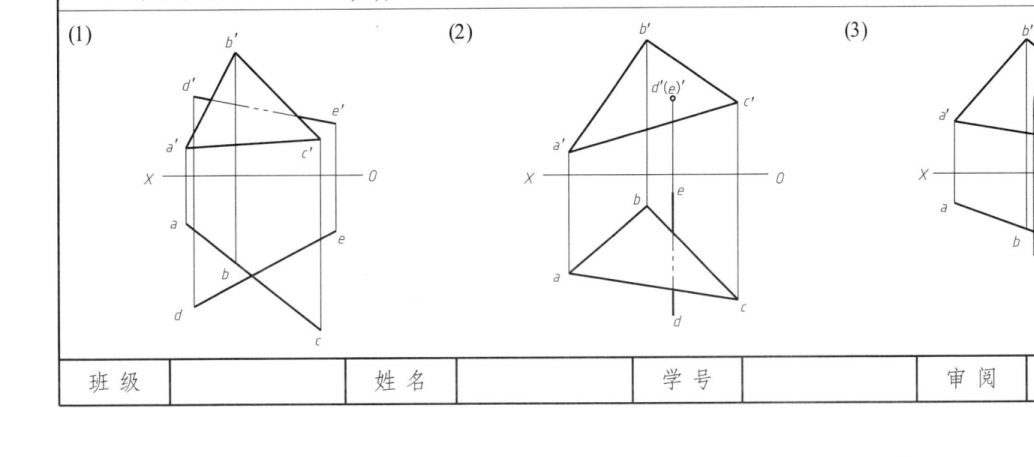

2-42 用换面法求作线段 AB 的实长和倾角 β。

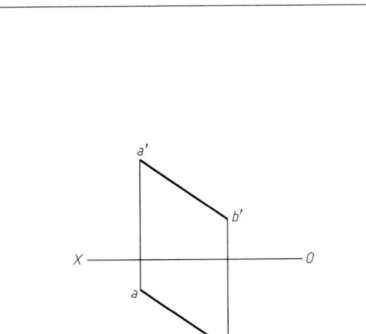

2-43 已知线段 AB 的实长为 20 mm，求作线段 AB 的水平投影。

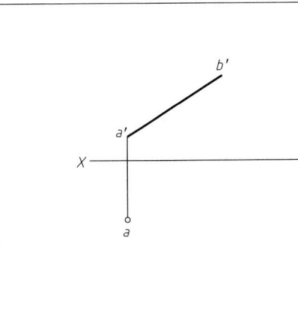

2-44 用换面法求作直线 AB、CD 的公垂线。

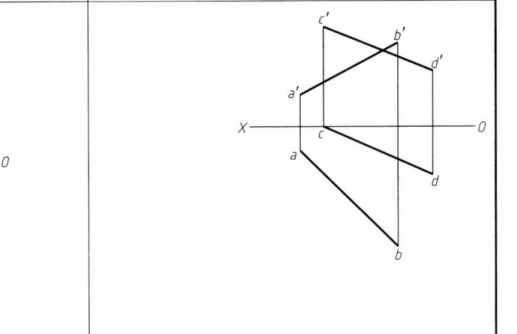

2-45 用换面法求作平行两直线间的距离。

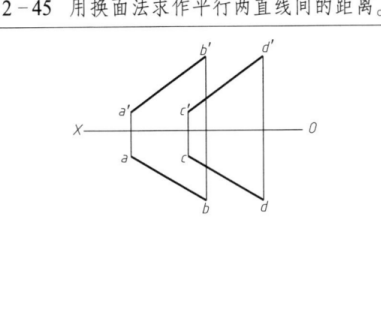

2-46 用换面法求作 $\angle ACB$ 的大小。

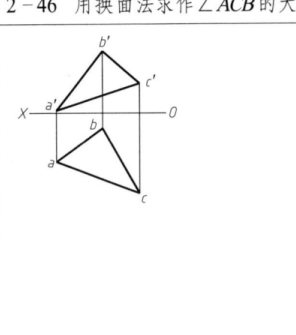

| 班 级 | | 姓 名 | | 学 号 | | 审 阅 | 26 |

2-47 填空题。

1. 正投影法是投射线与投影面（　　　）的平行投影法。
2. 两平行直线的投影（　　　）(投影重合为特例)，这是平行投影法的（　　　）。
3. 若点在直线上，则该点的投影一定在（　　　），这是平行投影法的（　　　）。
4. 当两个点的某面投影重合时，则对该投影面的投影坐标值大者为可见，小者为不可见。根据正投影特性，可见性的区分应是（　　　），（　　　），（　　　），即出现重影点时，靠近原点 O 的投影不可见。
5. 直线的投影特性是由直线对投影面的（　　　）决定的。
6. 根据直线与三个投影面相对位置的不同，可以将直线分为3类：（　　　），（　　　），（　　　）。
7. 若点在直线上，则点的各个投影必定在（　　　）；反之，若点的各个投影都在直线的同面投影上，则该点必定在（　　　）。
8. 直线上的点分割线段之比等于其投影之比，这称为直线投影的（　　　）性。
9. 空间两直线的相对位置关系有三种情况：（　　　），（　　　），（　　　）。
10. 若空间两直线平行，则它们的各同面投影必定（　　　）。
11. 若空间两直线相交，则它们的各同面投影必定（　　　），且交点符合点的投影规律。
12. 若空间两直线交叉，则它们的各组同面投影必不同时平行，或者它们的各同面投影虽然相交，但其交点（　　　）点的投影规律。
13. 根据平面与三个投影面相对位置的不同，可以将平面划分为三类：一般位置平面、（　　　）、（　　　）。

2-48 判断题。

1. 如果直线的投影与平面内任意一直线的同面投影平行，则该直线与平面平行。（　　　）
2. 如果一个平面内任意两条相交直线的投影分别与另一个平面内两条相交直线的同面投影对应平行，则这两个平面平行。（　　　）
3. 直线与平面相交，只有一个交点，这个交点既在直线上又在平面上，因而交点是直线与平面的共有点，同时也是可见与不可见的分界点。（　　　）
4. 两平面相交的交线是两平面的共有直线，只要确定交线上的两个共有点，即可求出交线。（　　　）
5. 一般位置平面的三个投影中，一般会有一个投影能反映该平面的实形。（　　　）

2-49 下列图中两点，对 W 面投影重影点的是（　　　）。

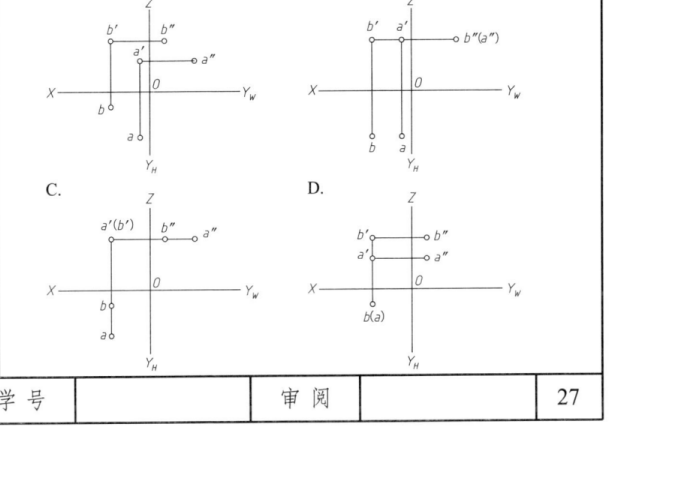

班 级		姓 名		学 号		审 阅		27

第 3 章 立体的投影

3－1 找出视图对应的立体图，填上相应的编号。

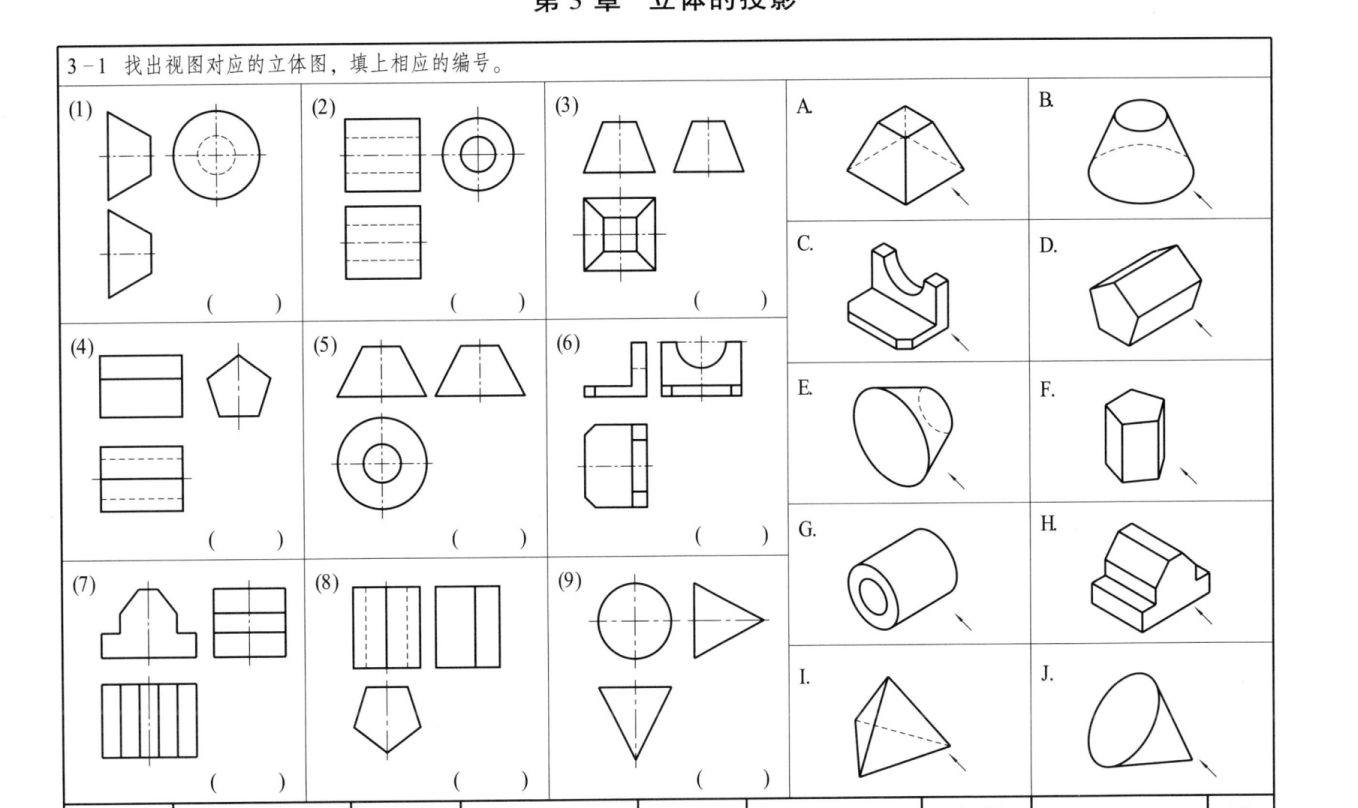

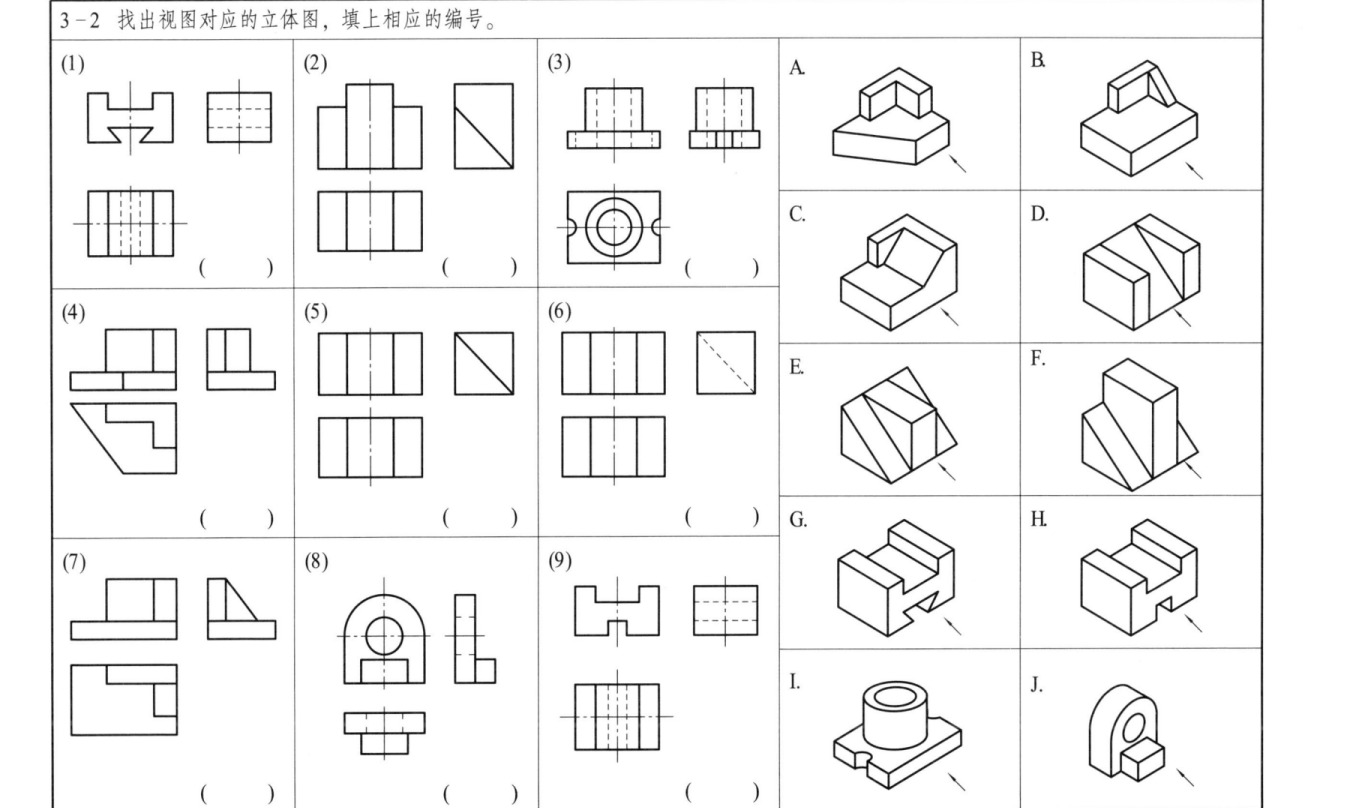

3-3 补全立体及其表面上点的另外两面投影。

(1)

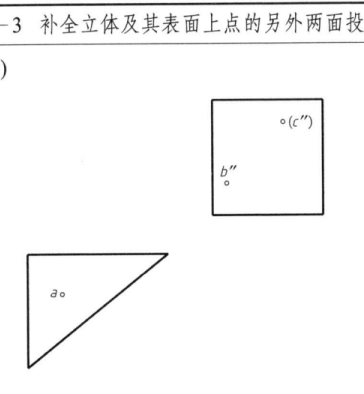

(2)

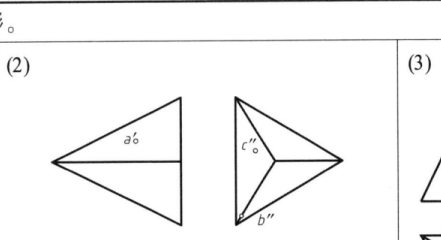

(3)

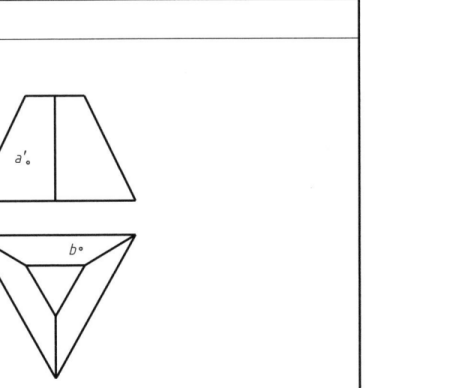

(4)

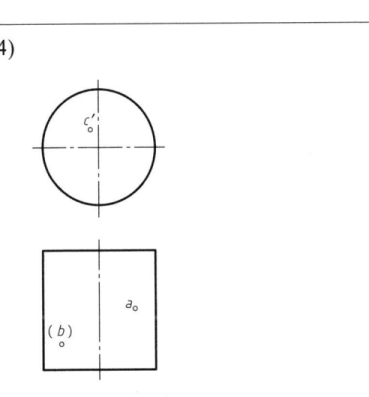

(5)

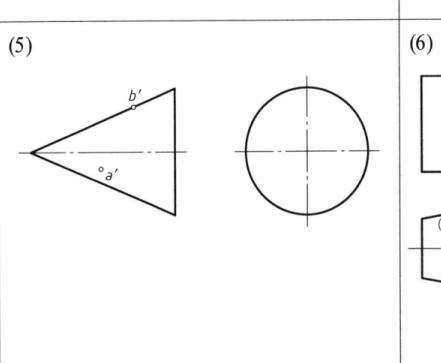

(6)

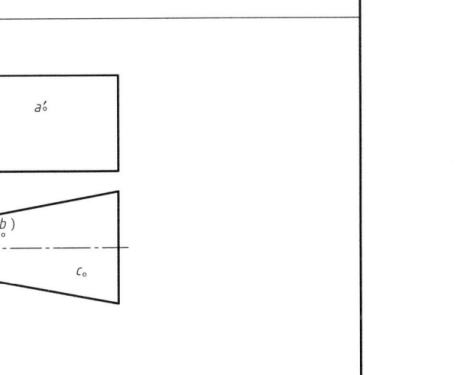

班级		姓名		学号		审阅	30

3－4 补全立体及其表面上点的三面投影。

(1)

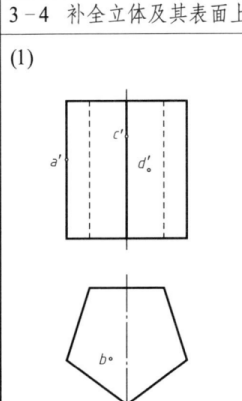

(2)

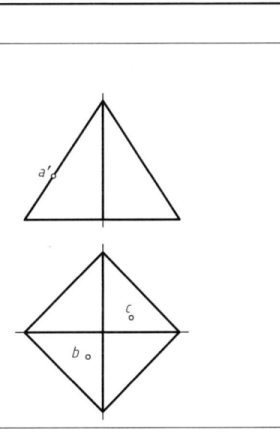

(3)

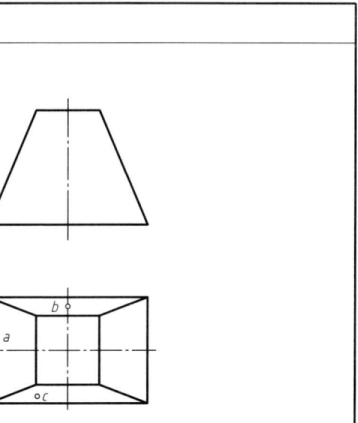

(4)

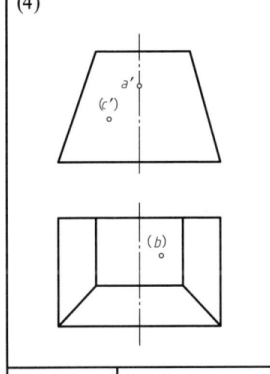

(5)

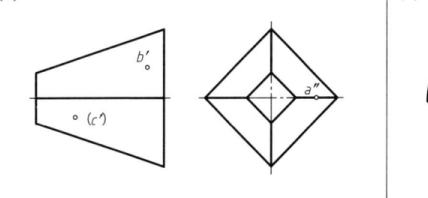

(6)

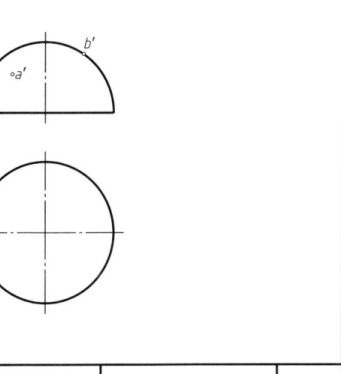

班 级		姓 名		学 号		审 阅		31

3-5 参照轴测图，补画切割体视图。

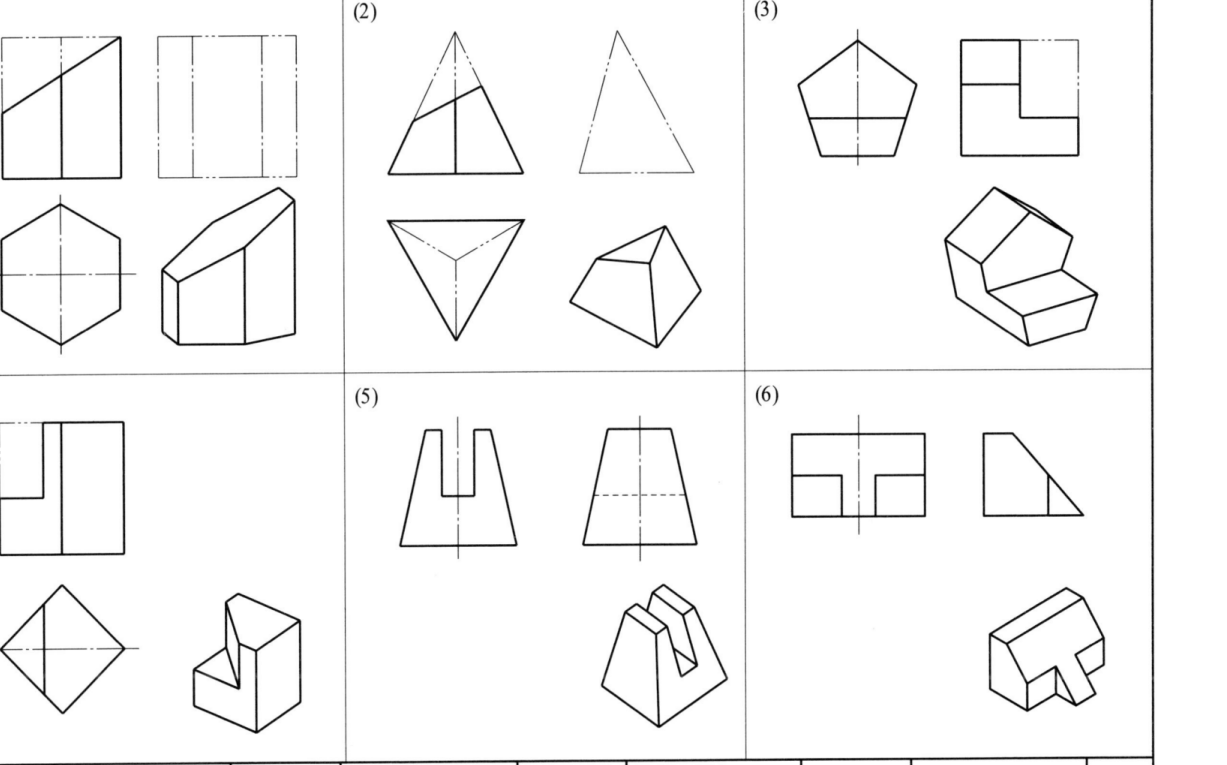

3-6 参照轴测图，补画切割体视图。

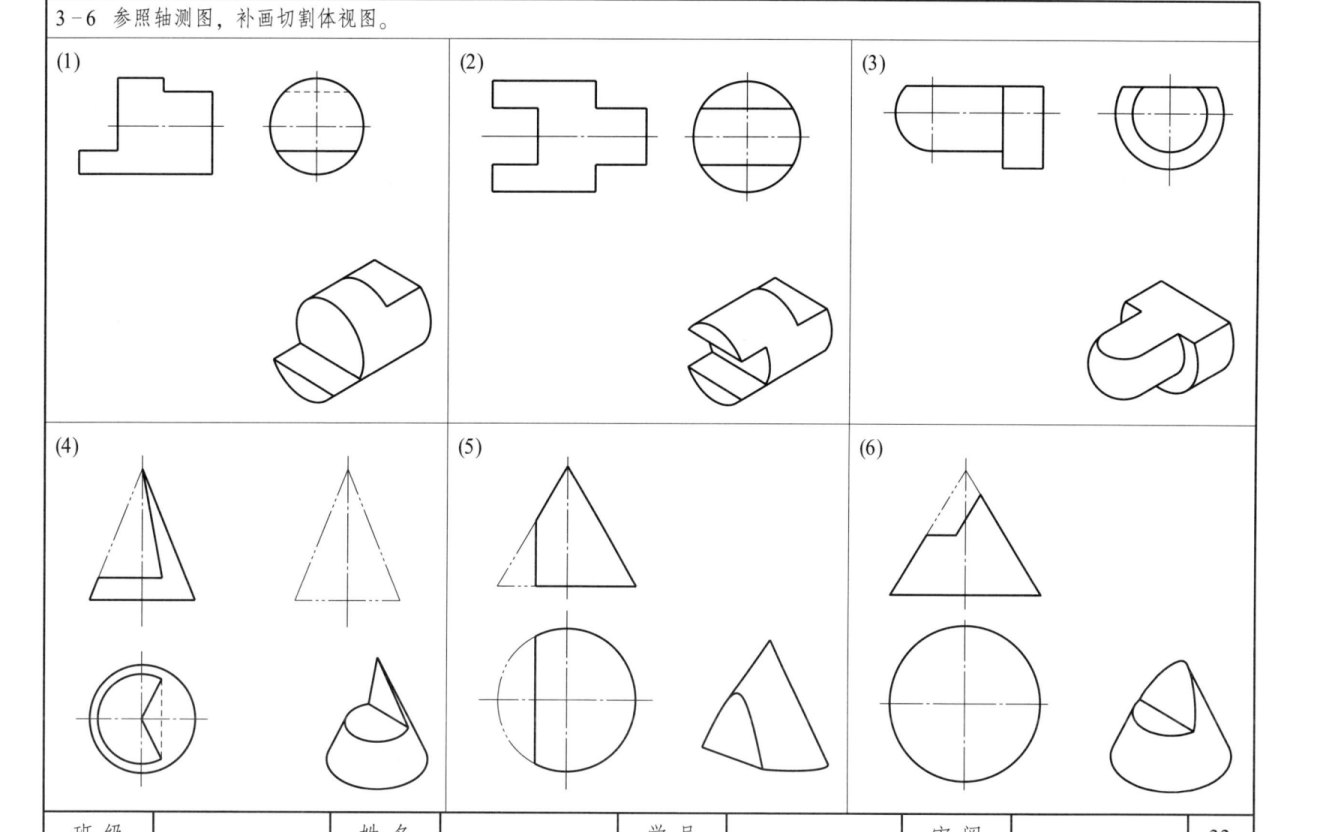

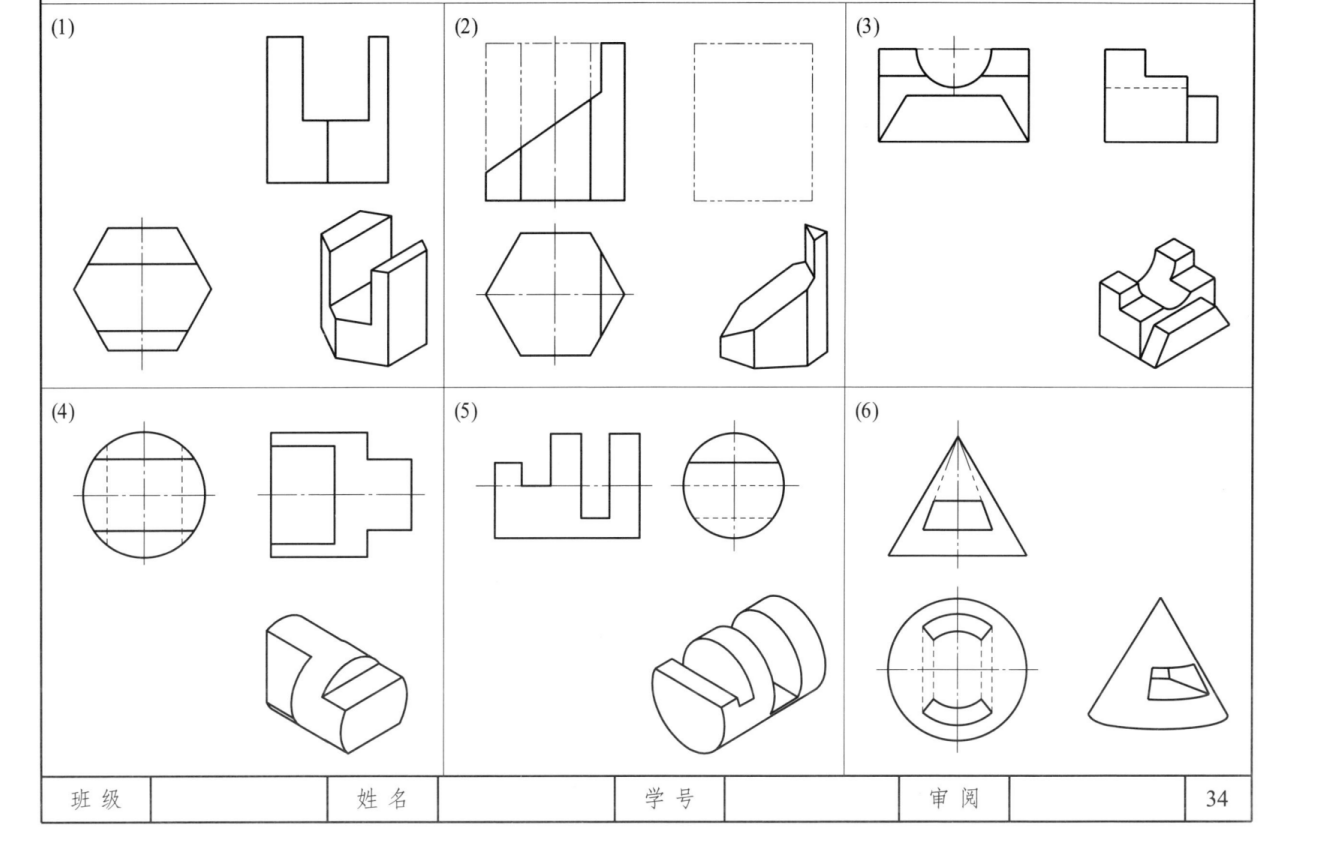

3-8 参照轴测图，补画其他视图。

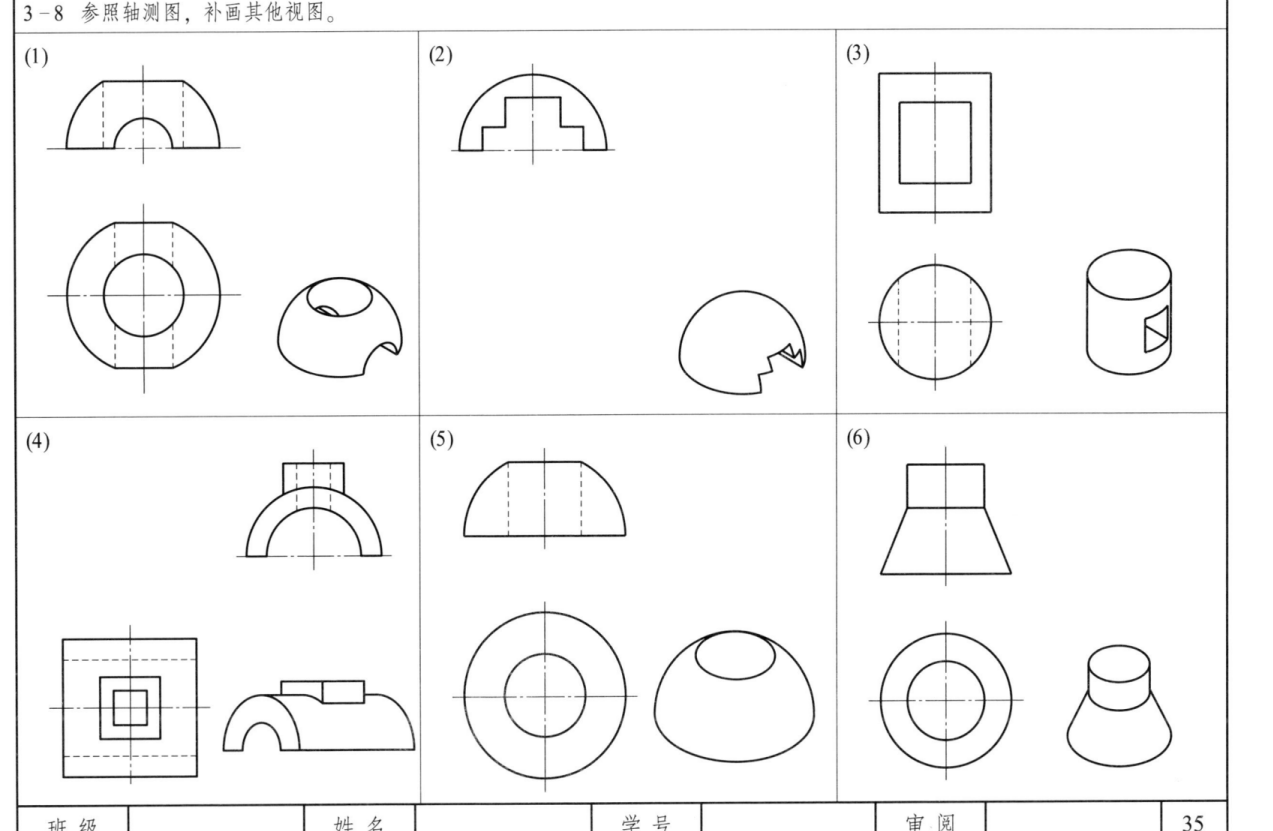

班 级		姓 名		学 号		审 阅		35

3-9 参照轴测图，补画相贯体的第三视图。

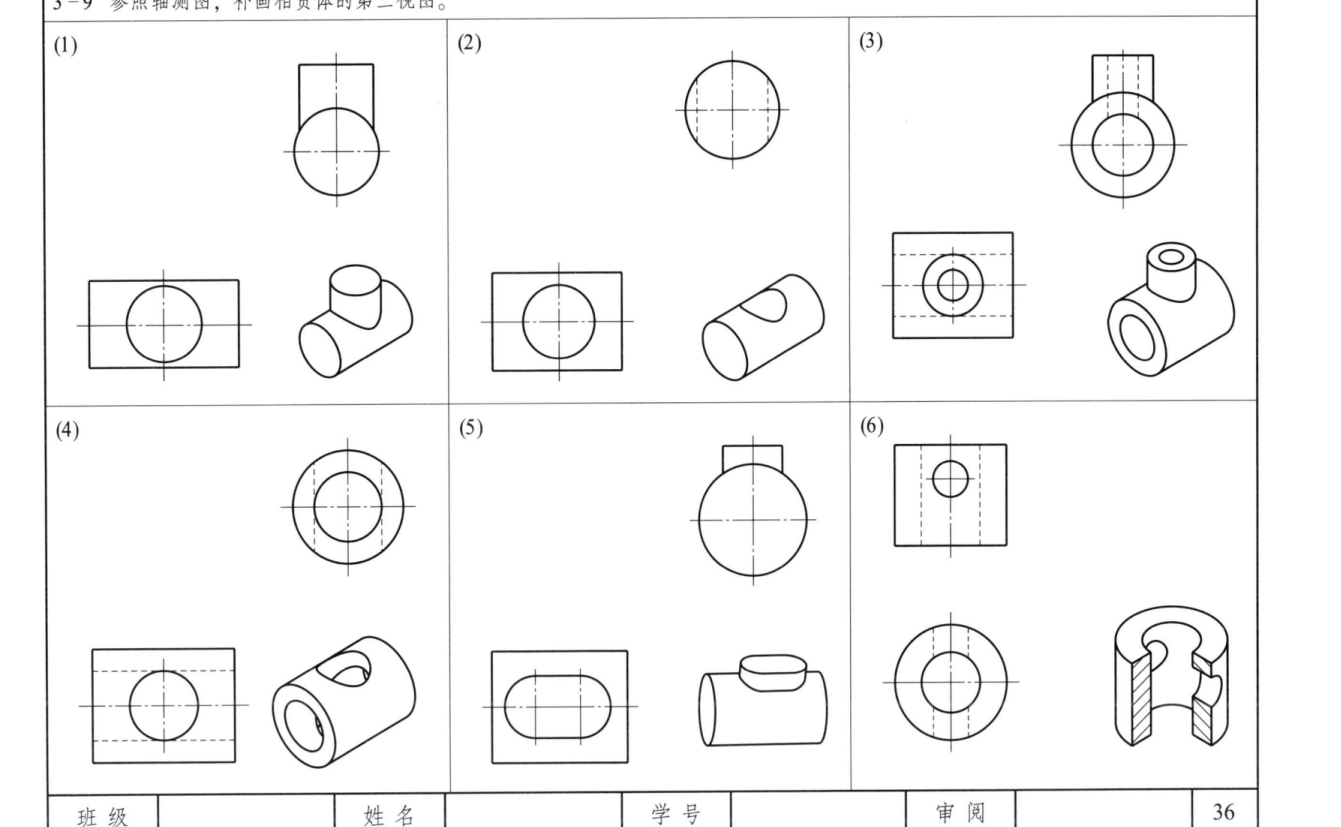

班 级	姓 名	学 号	审 阅	36

3-10 用描点法求作两立体表面相贯线的投影。

(1)

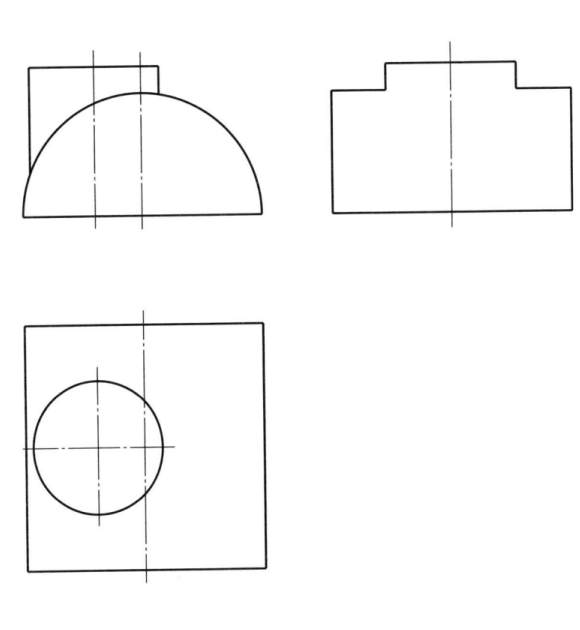

(2)

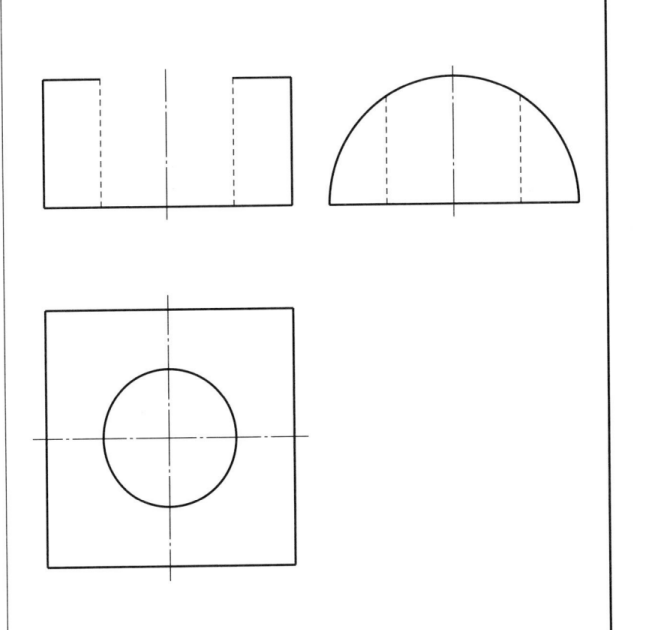

班 级	姓 名	学 号	审 阅	37

第4章 组合体

4-1 已知主、左视图，从选项中选取正确的俯视图。

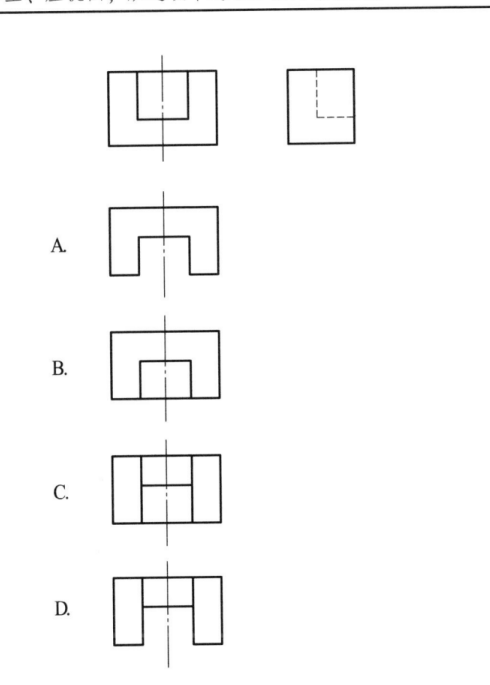

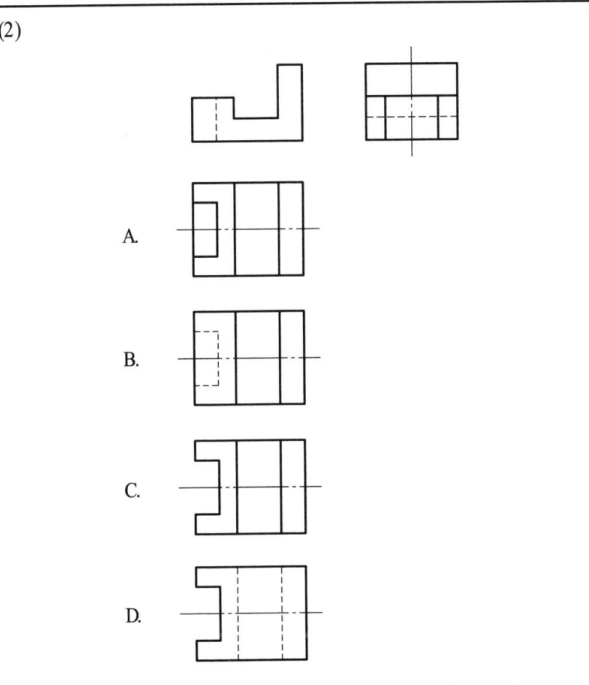

班级	姓名	学号	审阅	38

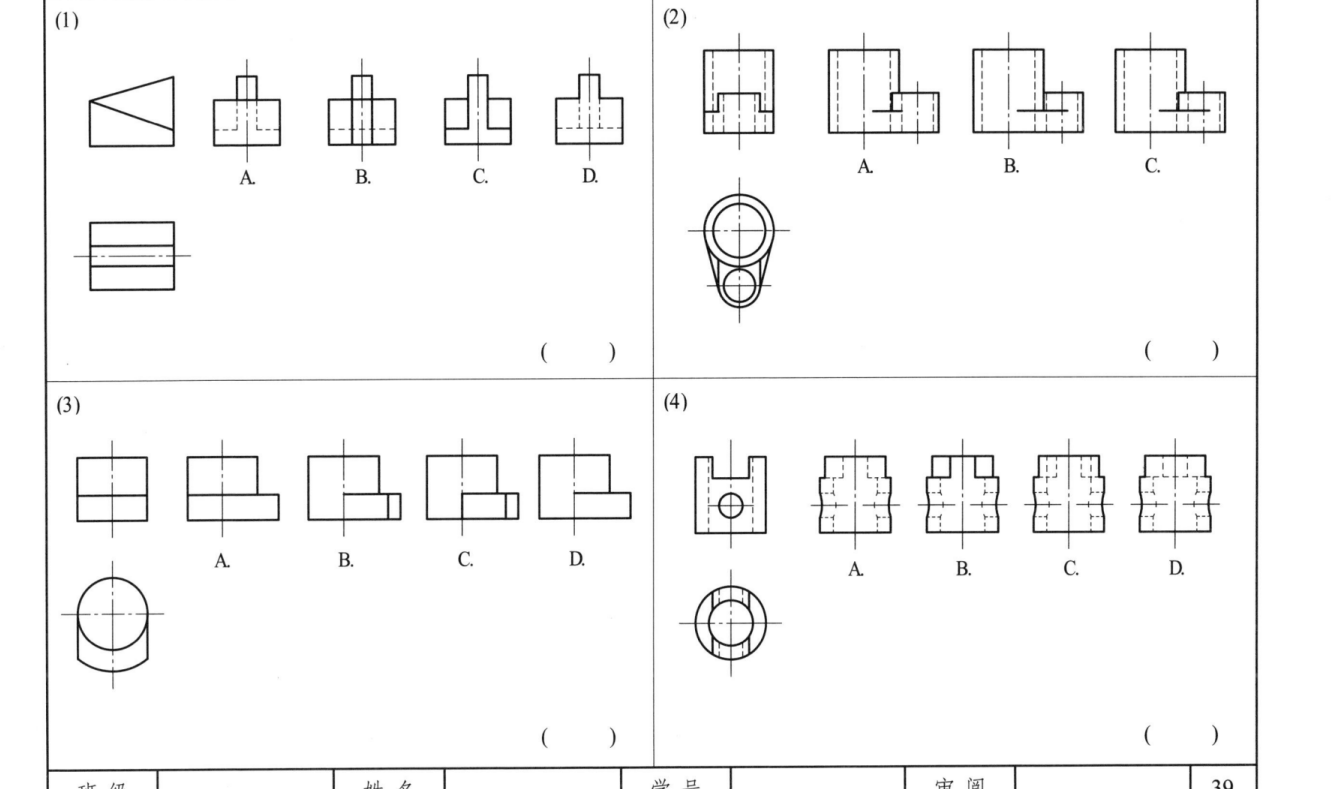

4-3 参照轴测图，补画组合体的第三视图。

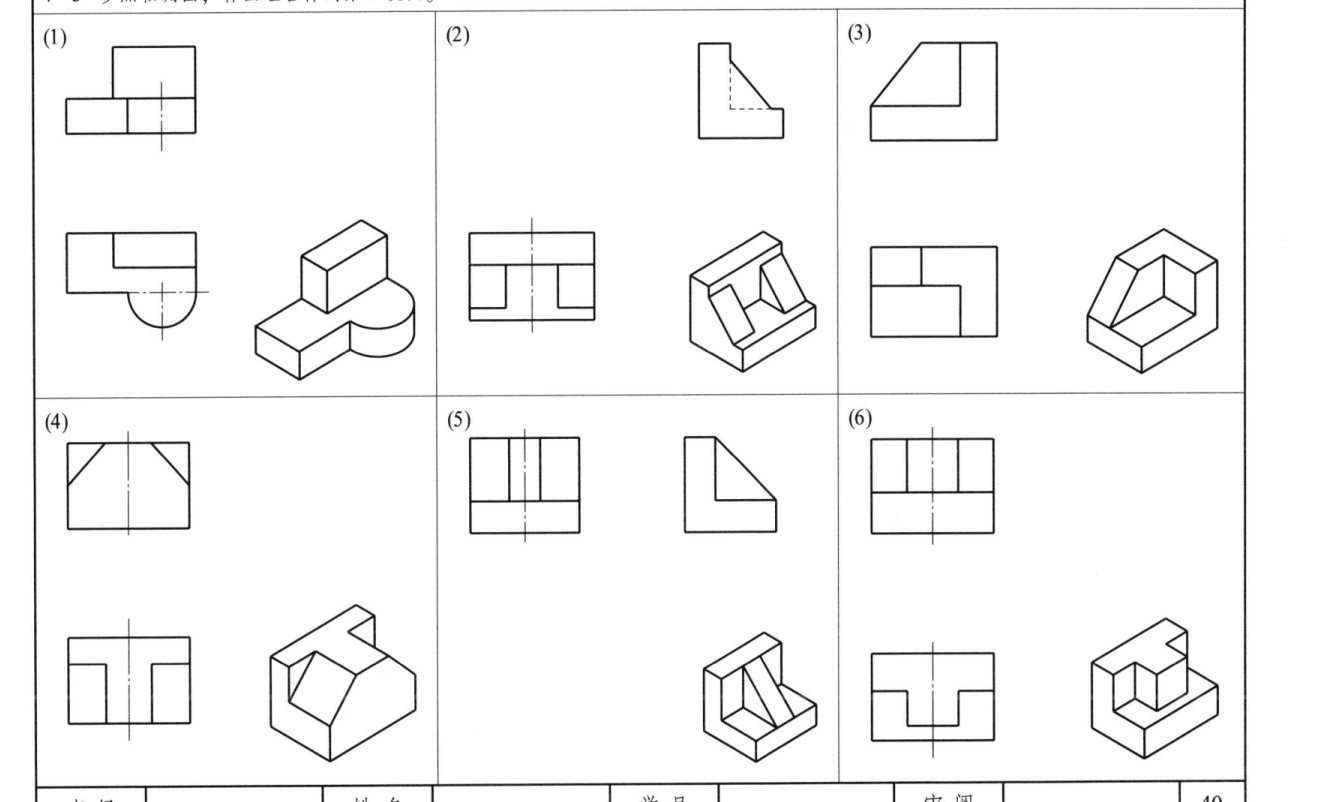

班 级	姓 名	学 号	审 阅	40

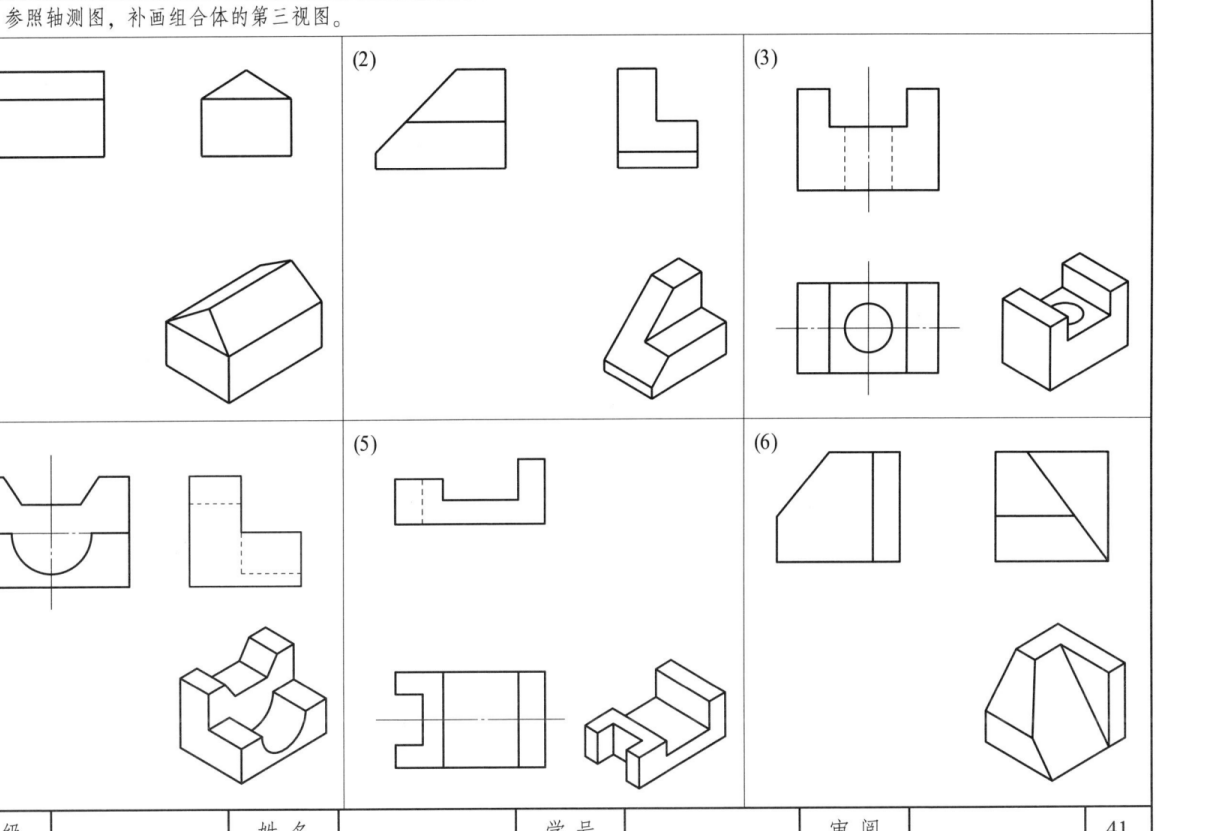

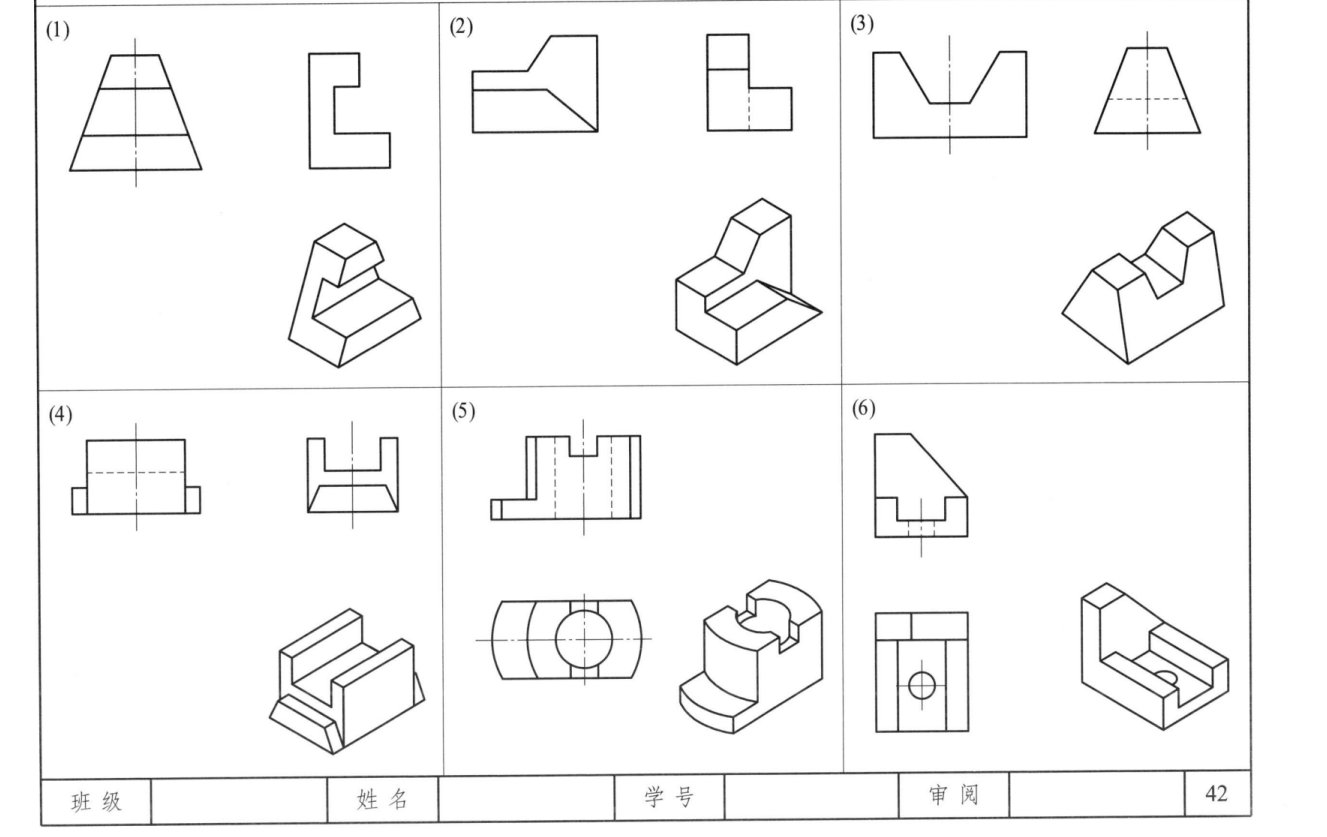

4-6 参照轴测图，补画组合体的第三视图。

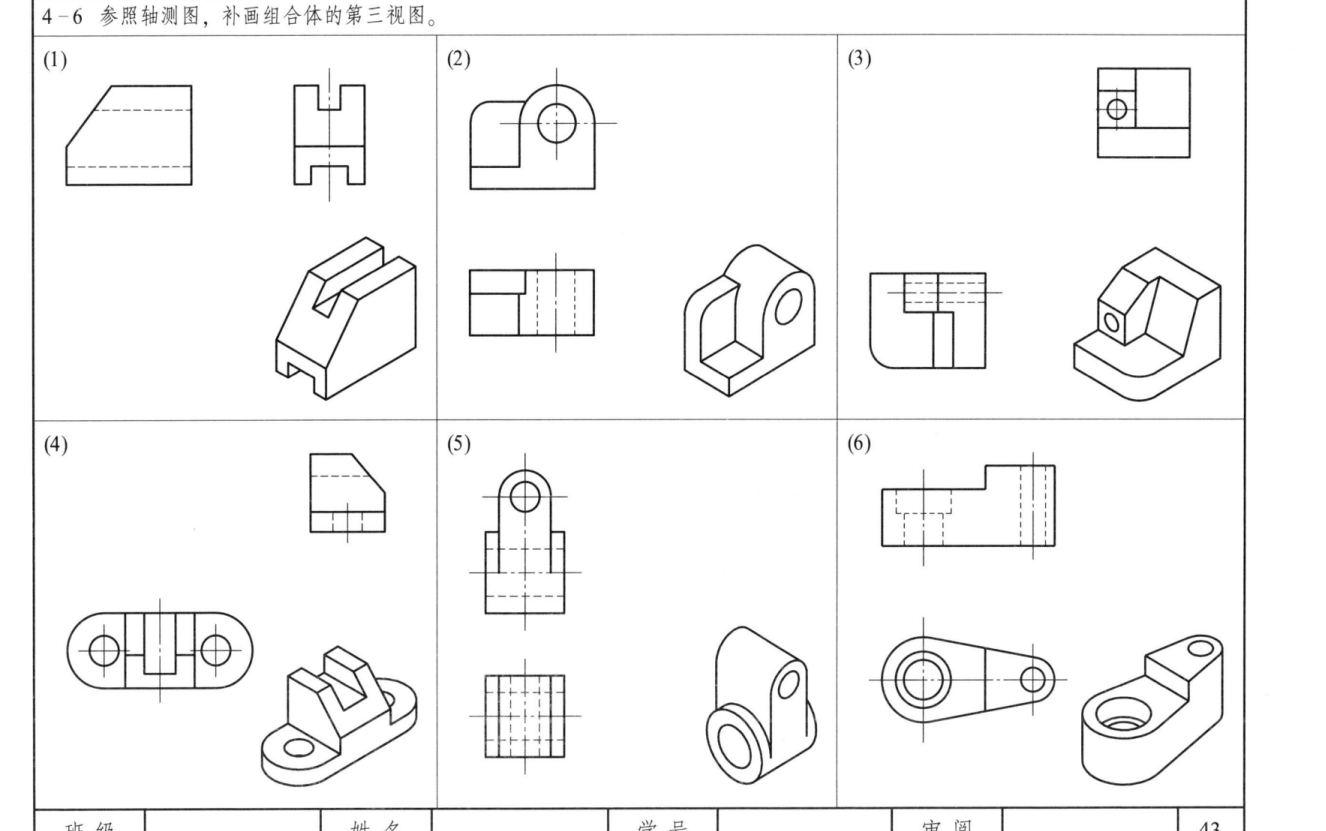

班 级	姓 名	学 号	审 阅	43

4-7 已知两视图，补画组合体的第三视图。

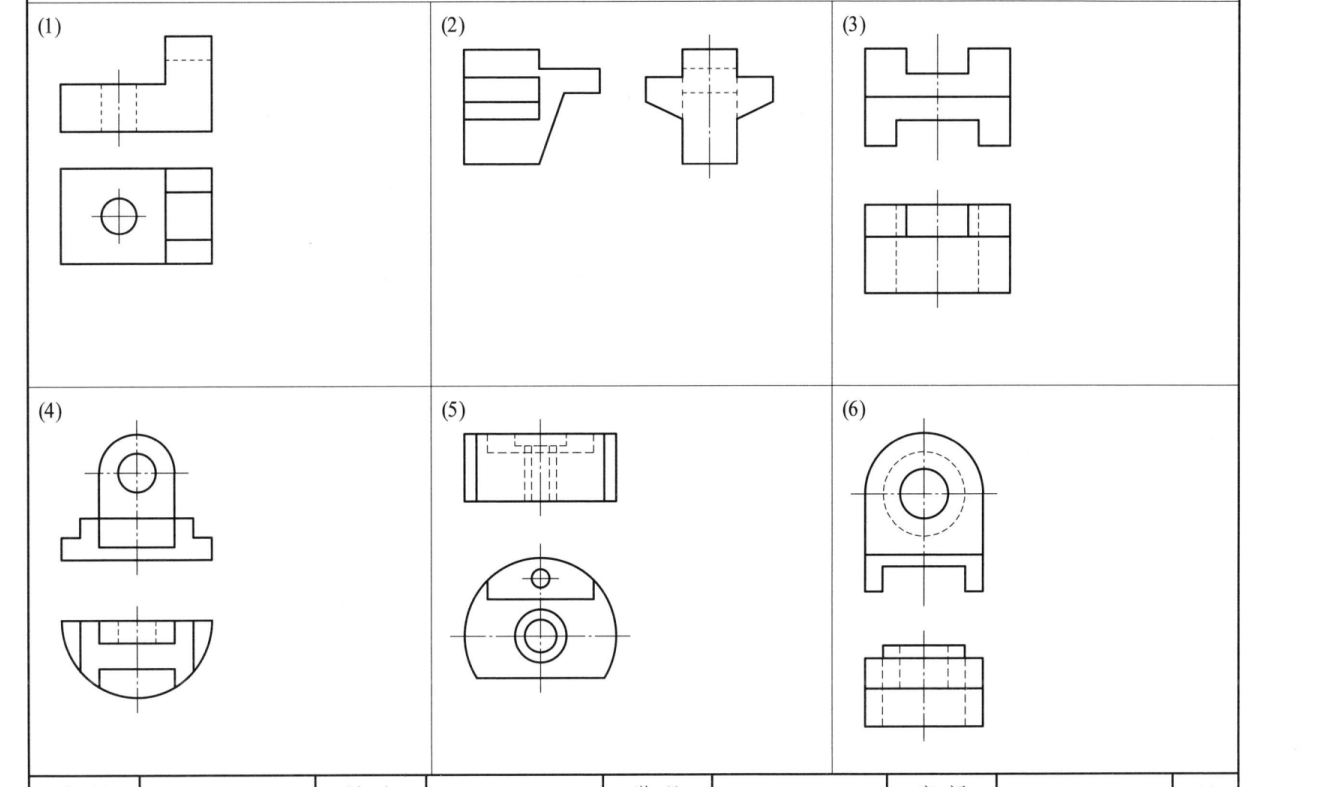

4-8 已知两视图，补画组合体的第三视图。

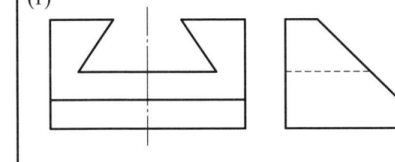

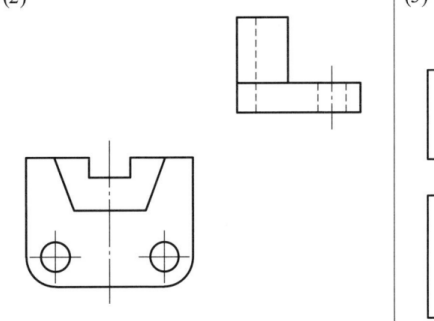

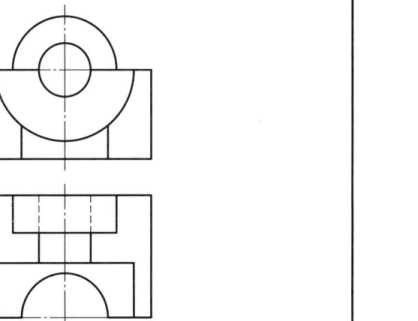

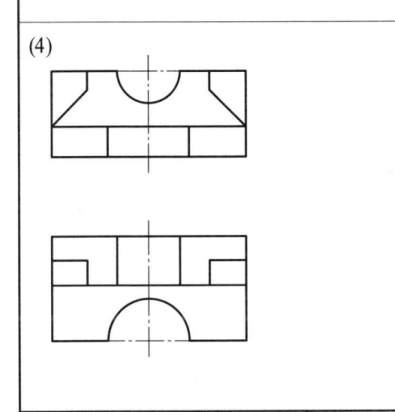

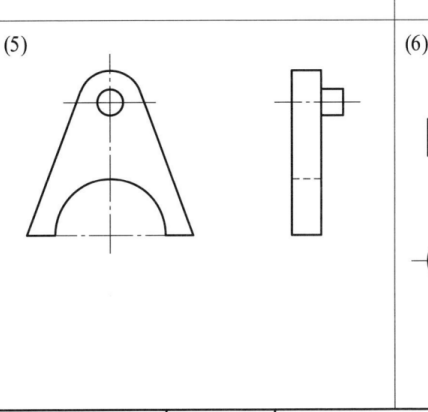

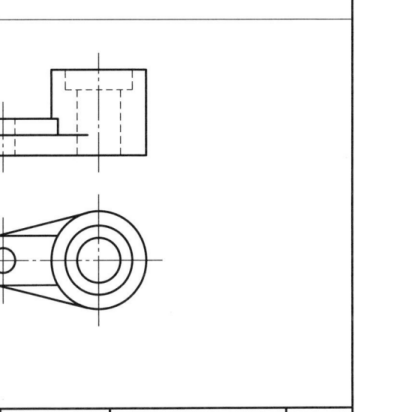

4-9 已知两视图，补画组合体的第三视图。

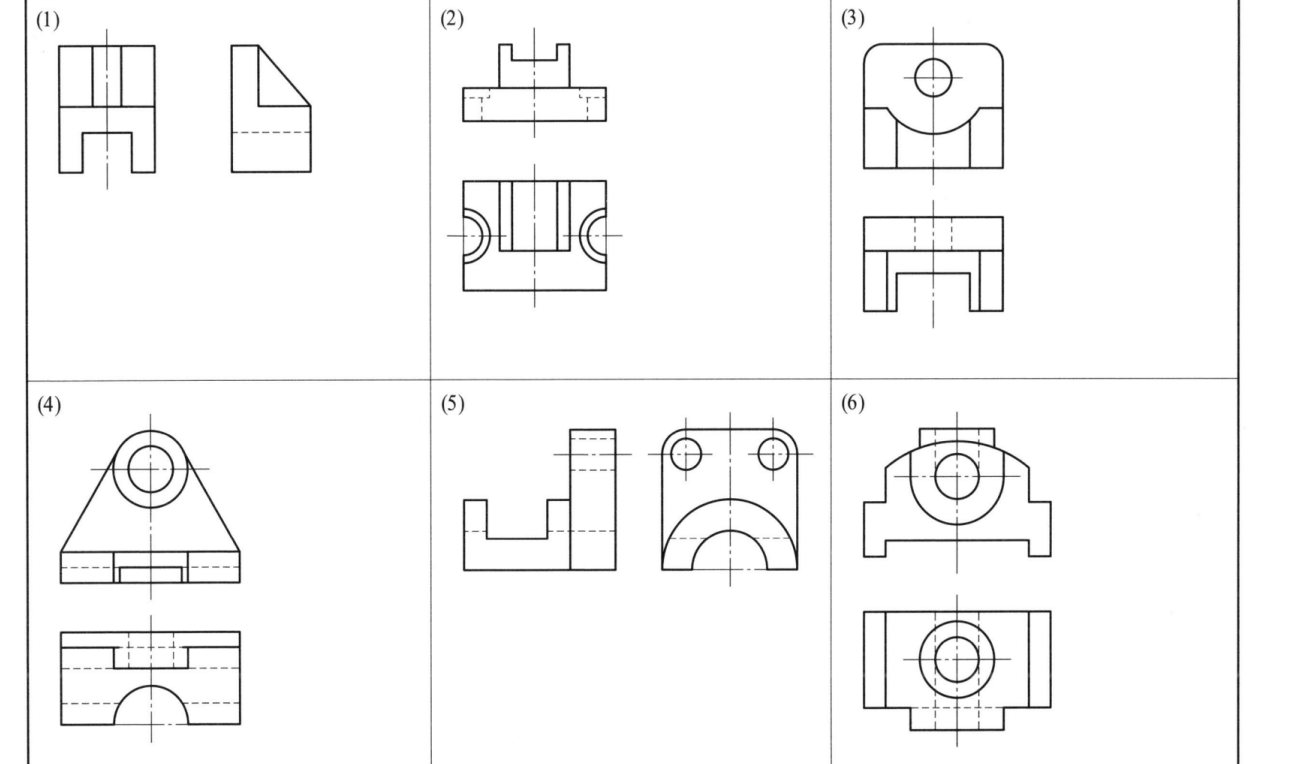

4-10 已知两视图，补画组合体的第三视图。

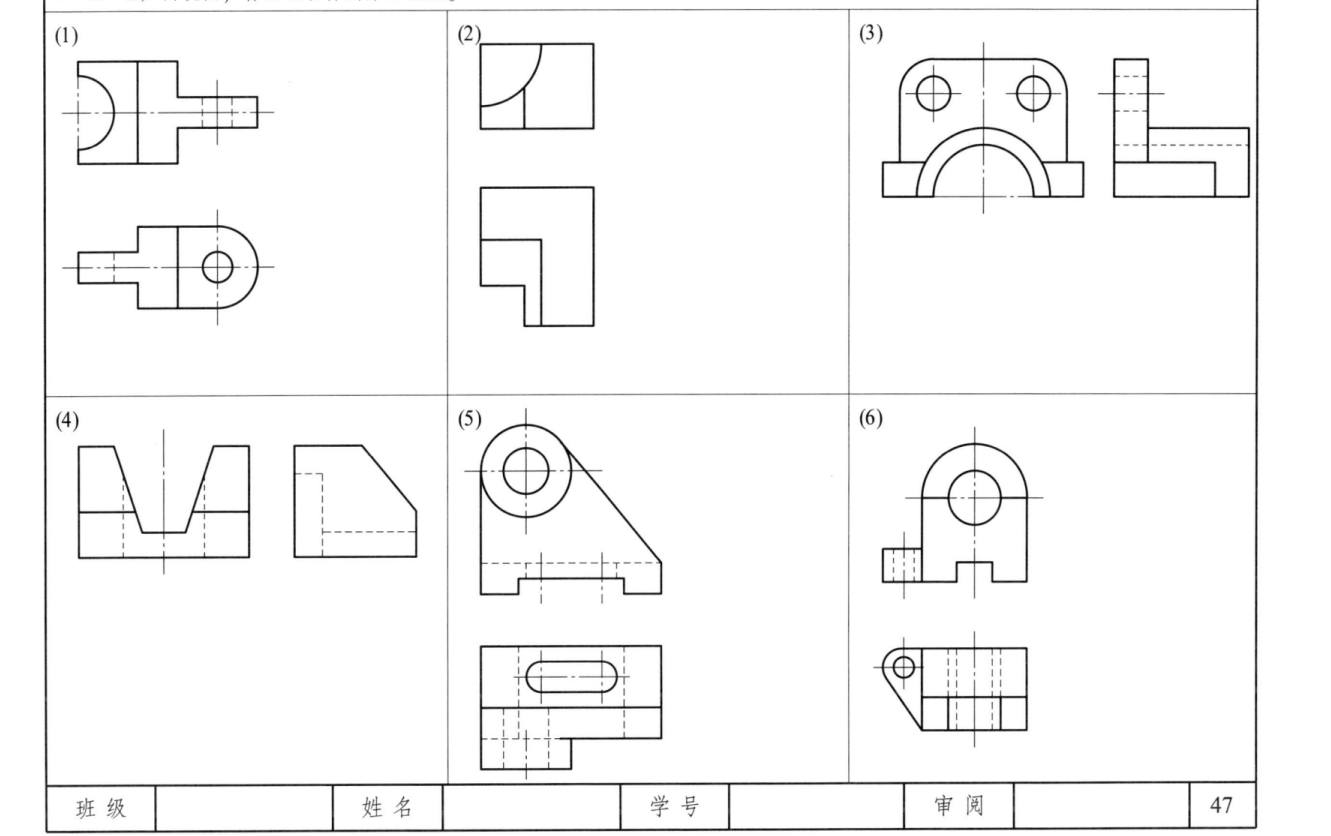

班 级		姓名		学 号		审 阅	47

4-11 已知两视图，补画组合体的第三视图。

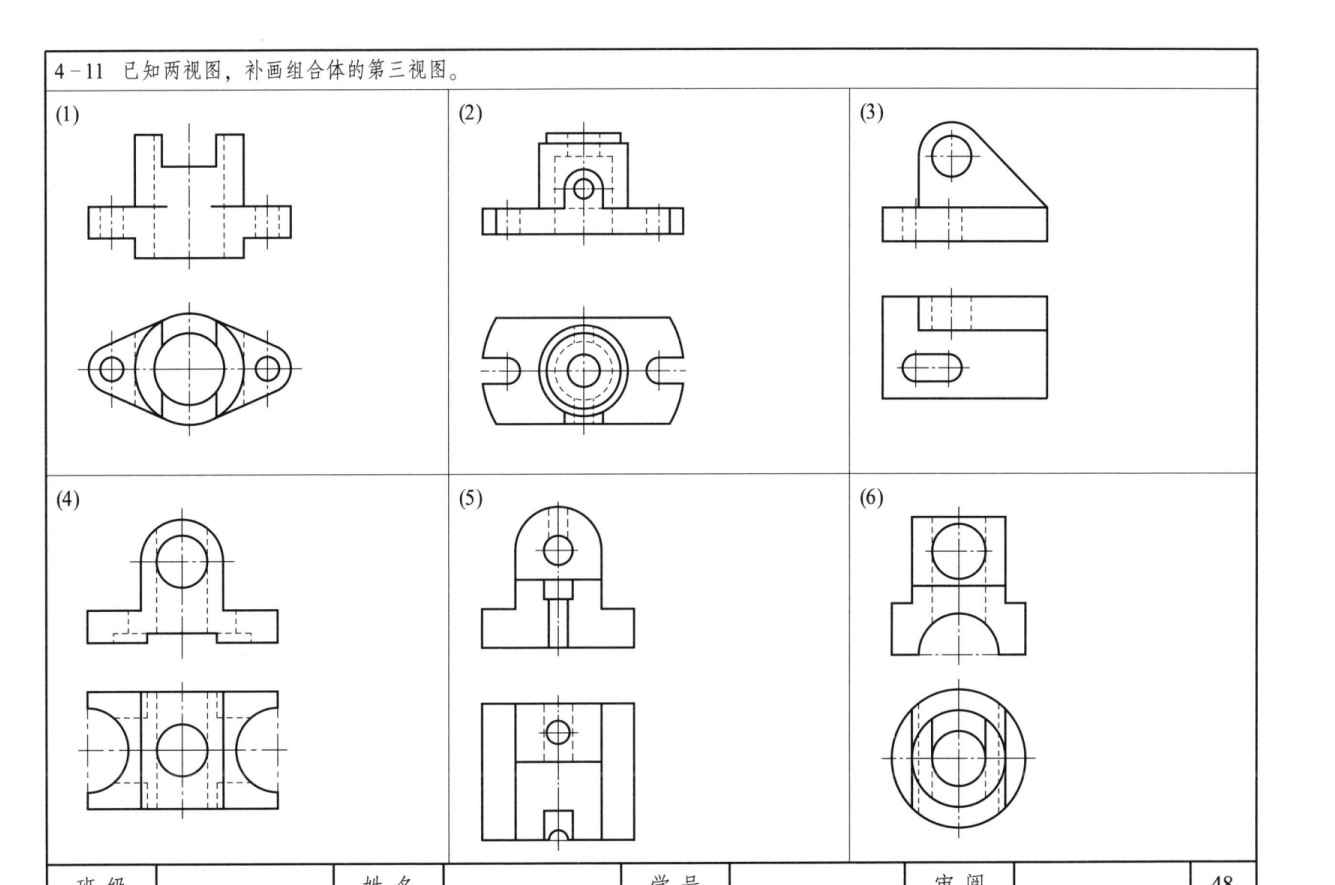

4-12 已知两视图，补画组合体的第三视图。

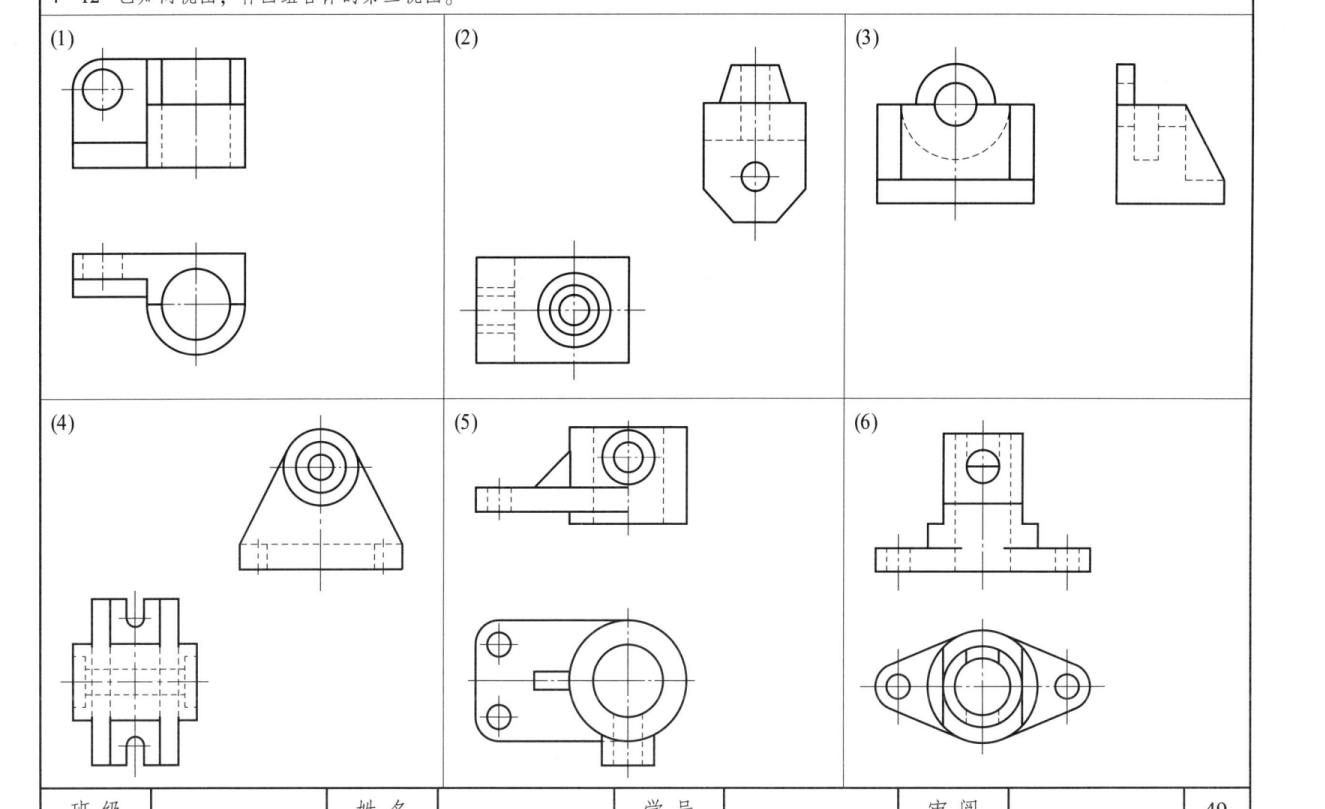

4-13 补画组合体视图中的漏线。

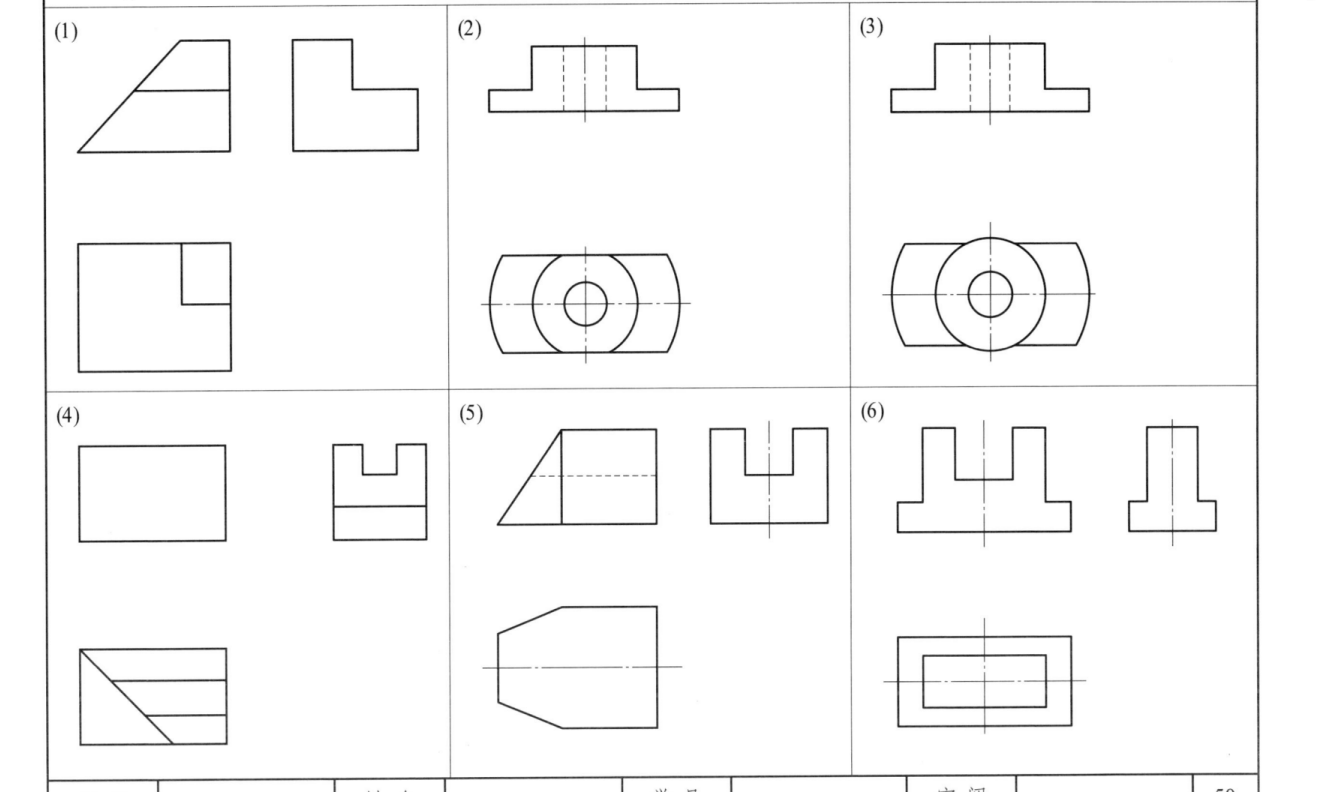

班级	姓名	学号	审阅	50

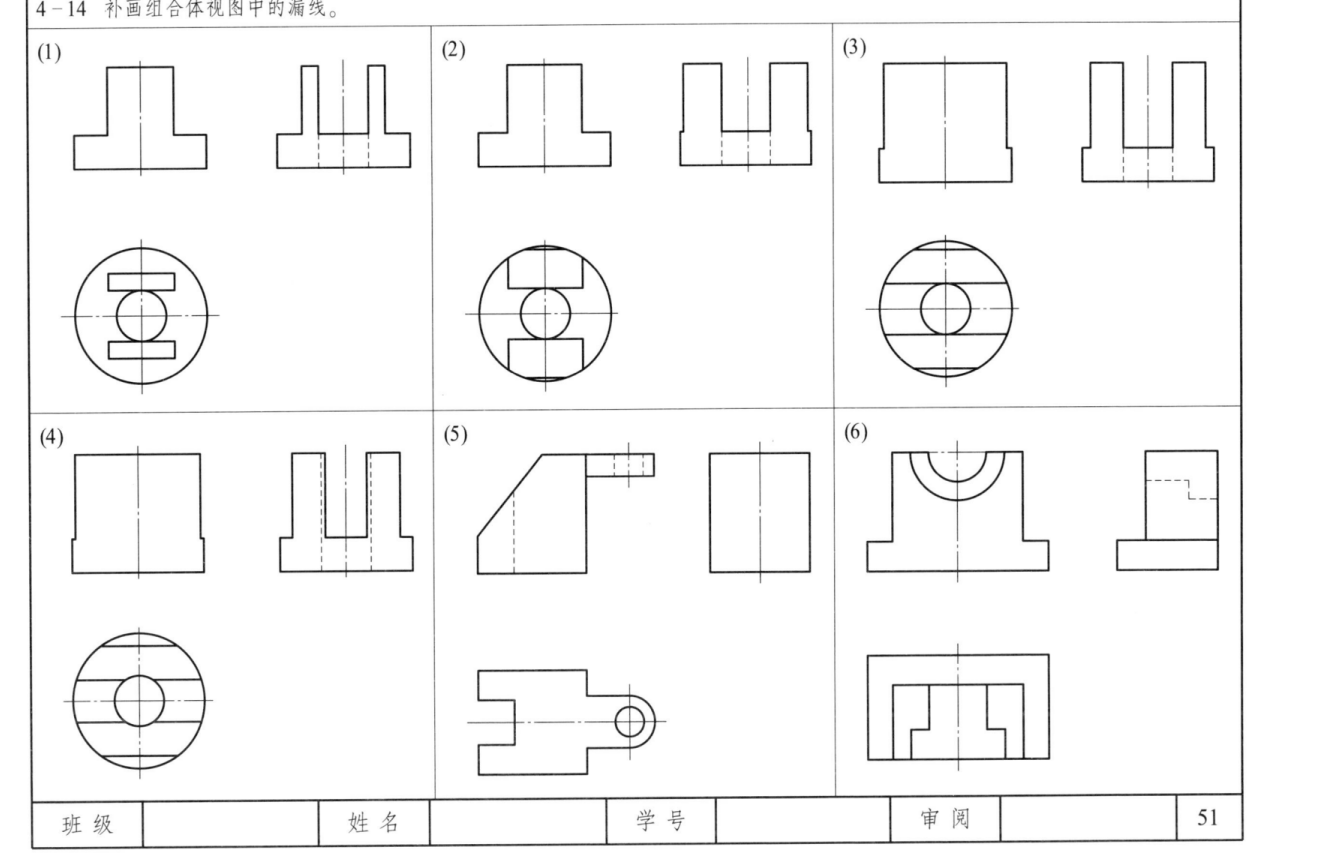

4-15 在图纸上绘制组合体的三视图，并标注尺寸。

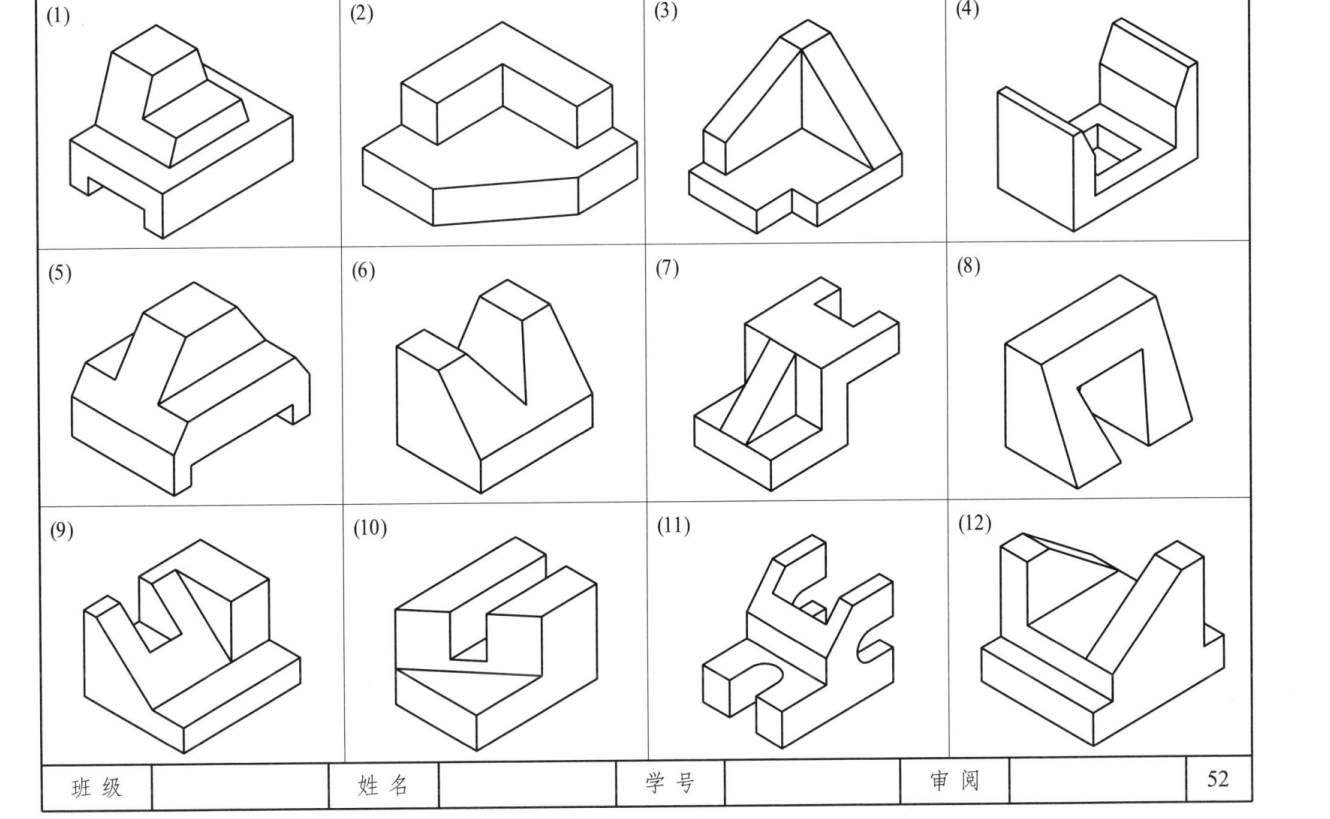

班 级	姓 名	学 号	审 阅	52

4-16 在图纸上绘制组合体的三视图，并标注尺寸。

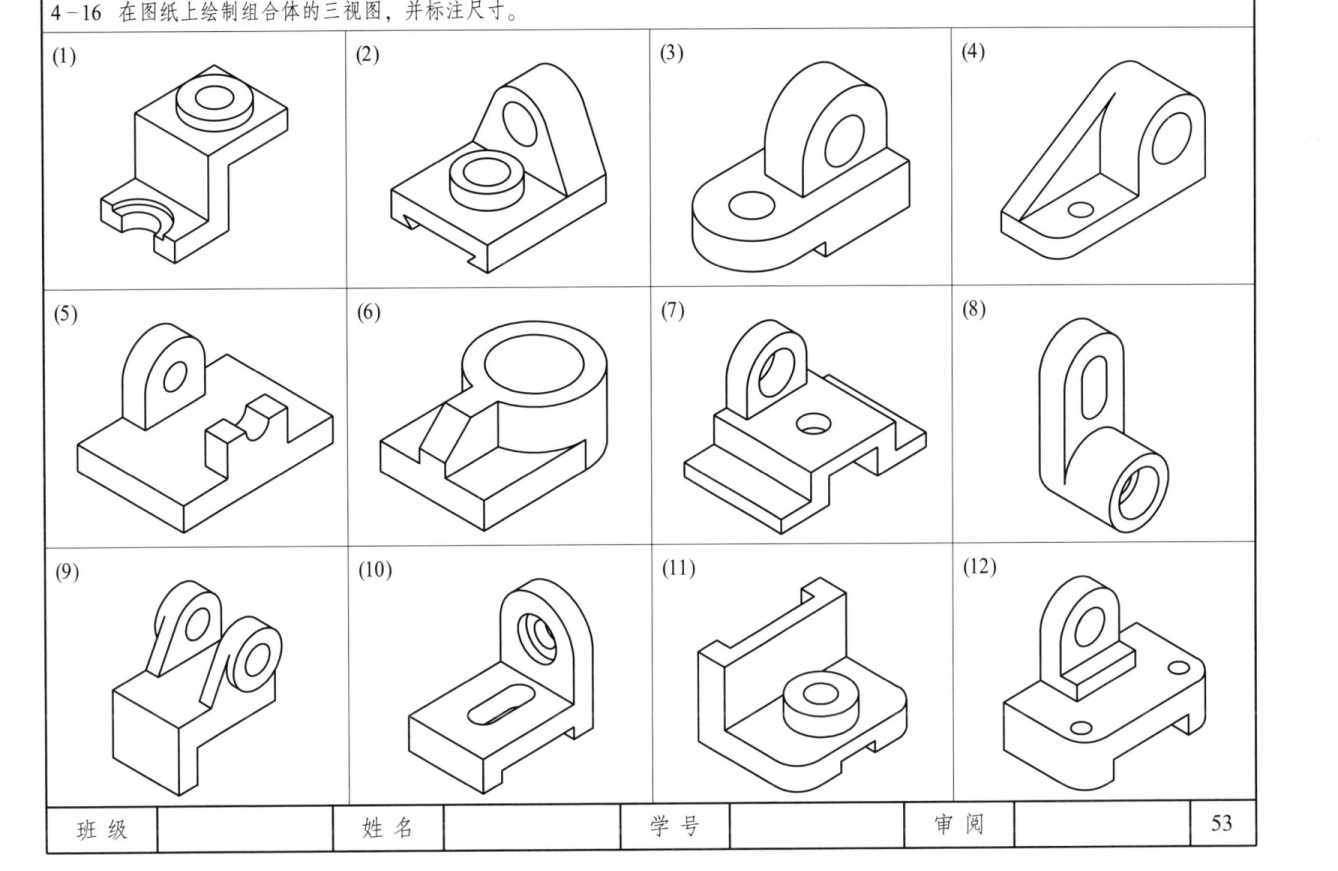

班 级	姓 名	学 号	审 阅

4-17 在图纸上绘制组合体的三视图，并标注尺寸。

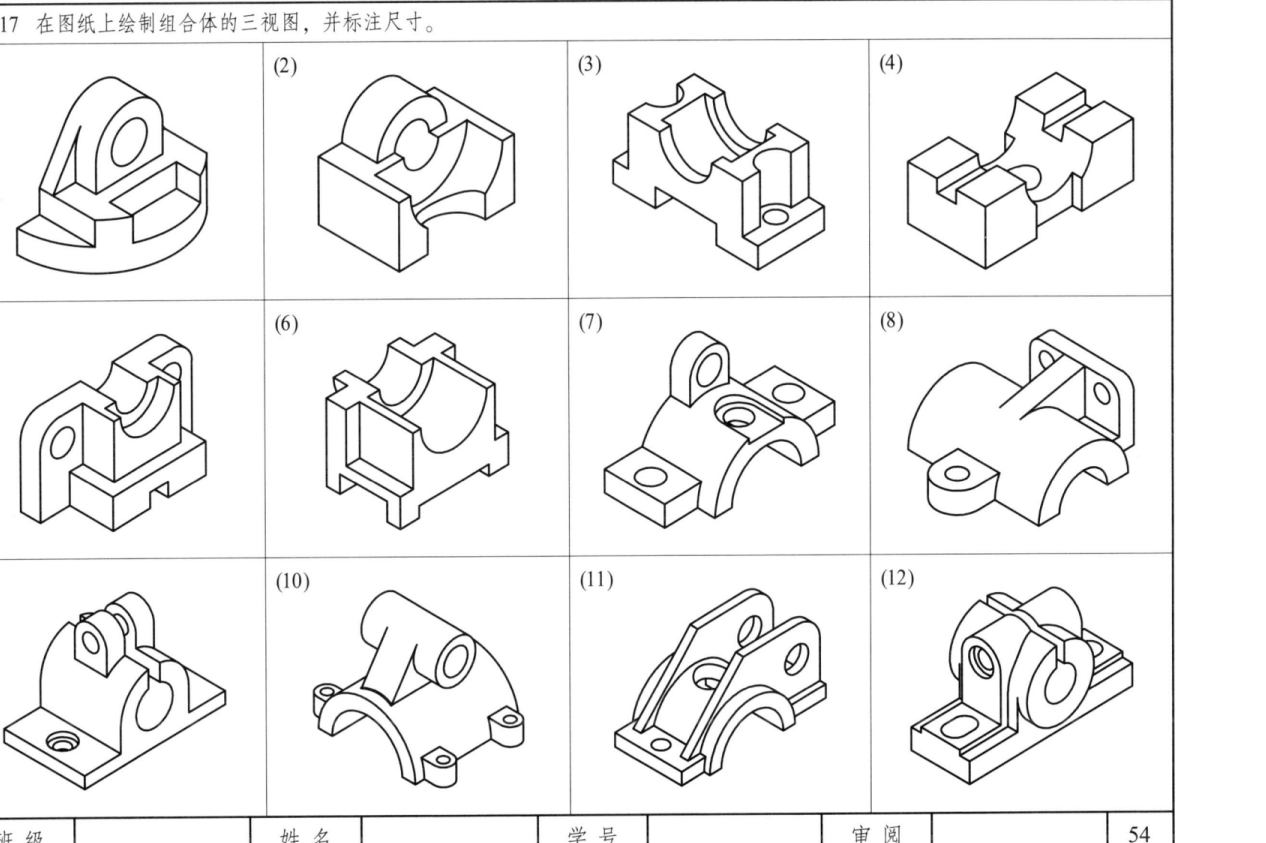

4-18 读图并填空。

(1)

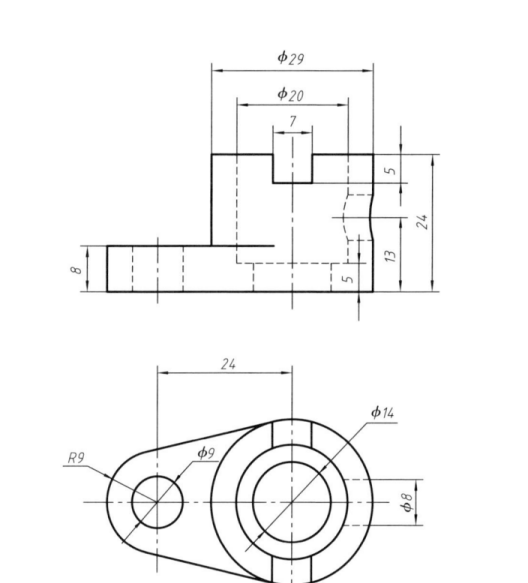

该组合体的定位尺寸有_____，高度方向总体尺寸是_____，长度方向总体尺寸是_____，宽度方向总体尺寸是_____。

(2)

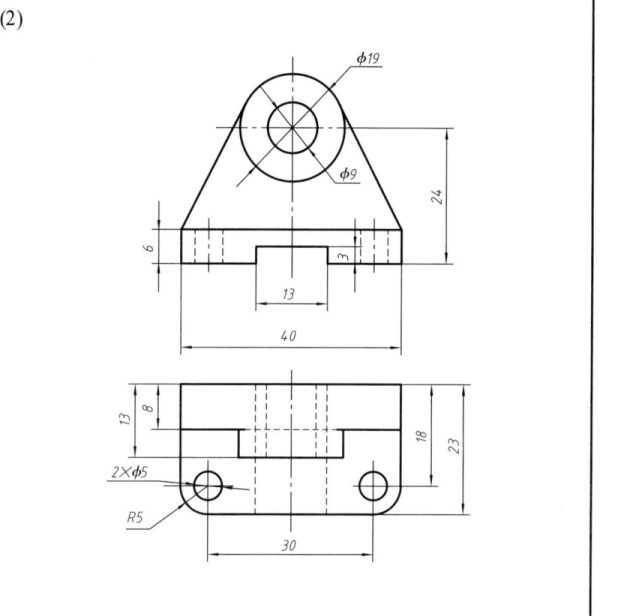

该组合体的定位尺寸有_____，高度方向总体尺寸是_____，长度方向总体尺寸是_____，宽度方向总体尺寸是_____，底板上的通槽尺寸是_____。

班 级		姓 名		学 号		审 阅		55

4-19 读图并填空。

(1) 下图中的定位尺寸有_____。

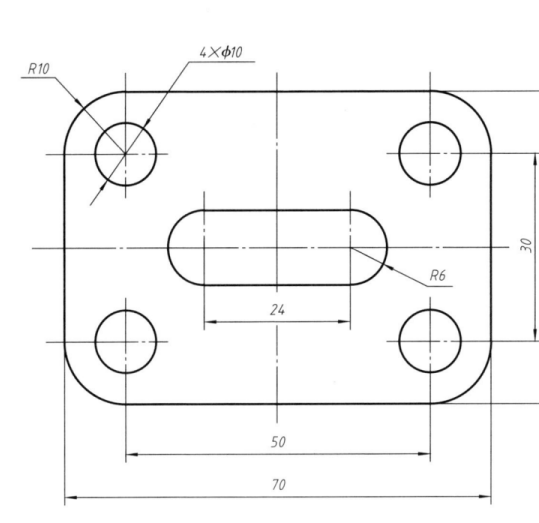

(2) 下图中圆盘上的4个小孔需标注定位尺寸，其定位尺寸是_____。

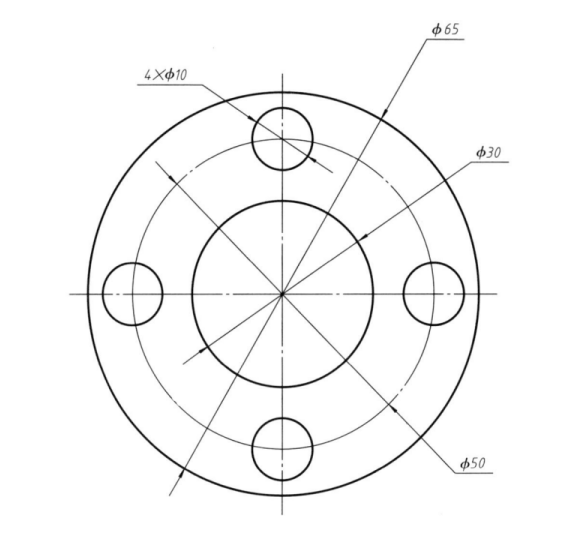

班 级		姓 名		学 号		审 阅	56

4-20 补全视图中漏标的尺寸 (直接在图中量取尺寸后取整数标注)。

(1)

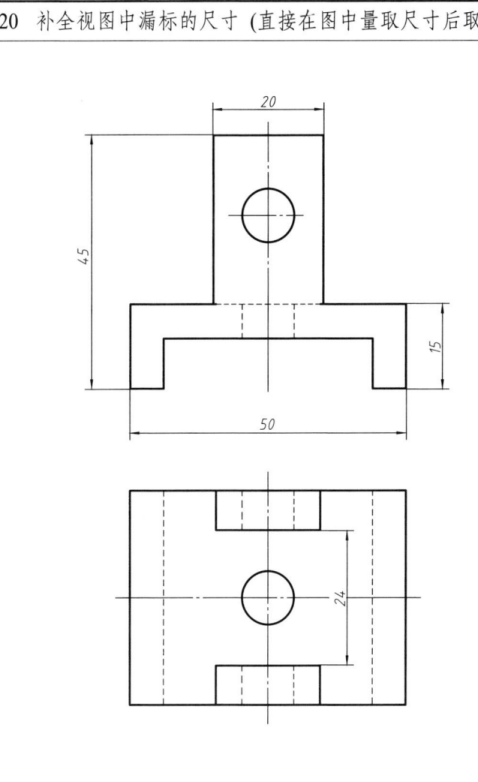

(2)

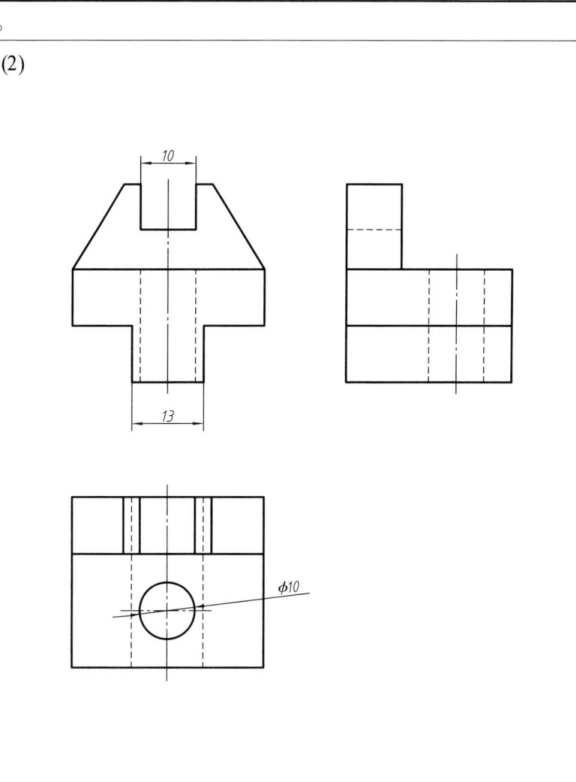

| 班 级 | | 姓 名 | | 学 号 | | 审 阅 | 57 |

4-21 补全视图所漏标的尺寸 (直接在图中量取尺寸后取整数标注)。

(1)

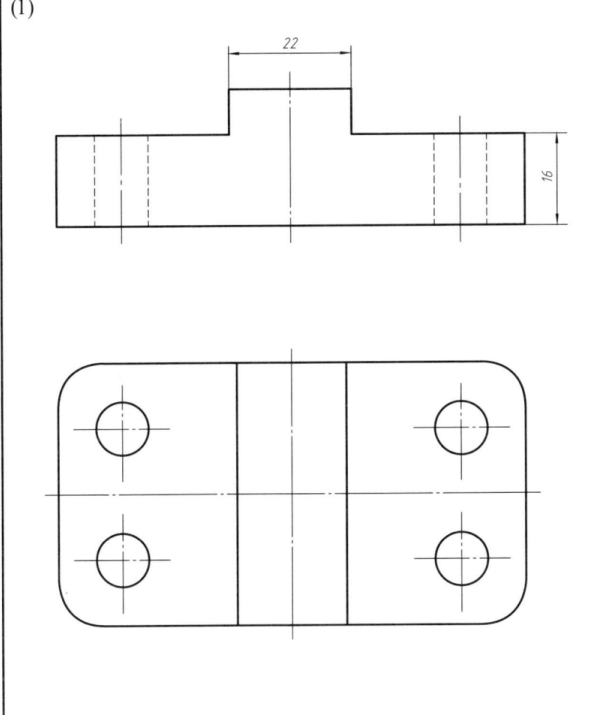

(2)

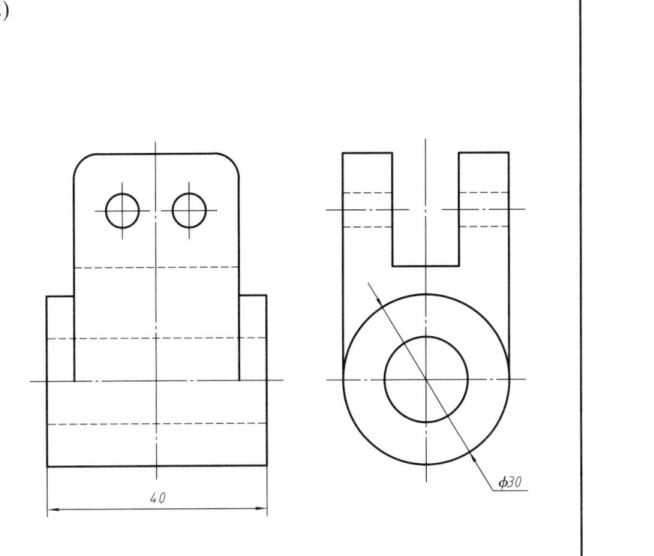

| 班 级 | | 姓 名 | | 学 号 | | 审 阅 | | 58 |

4-22 标注组合体尺寸 (直接在图中量取尺寸后取整数标注)。

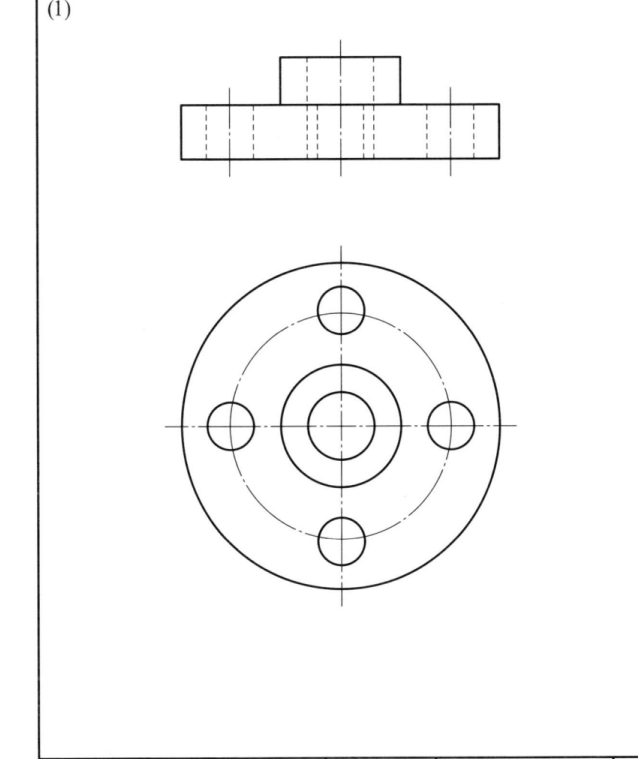

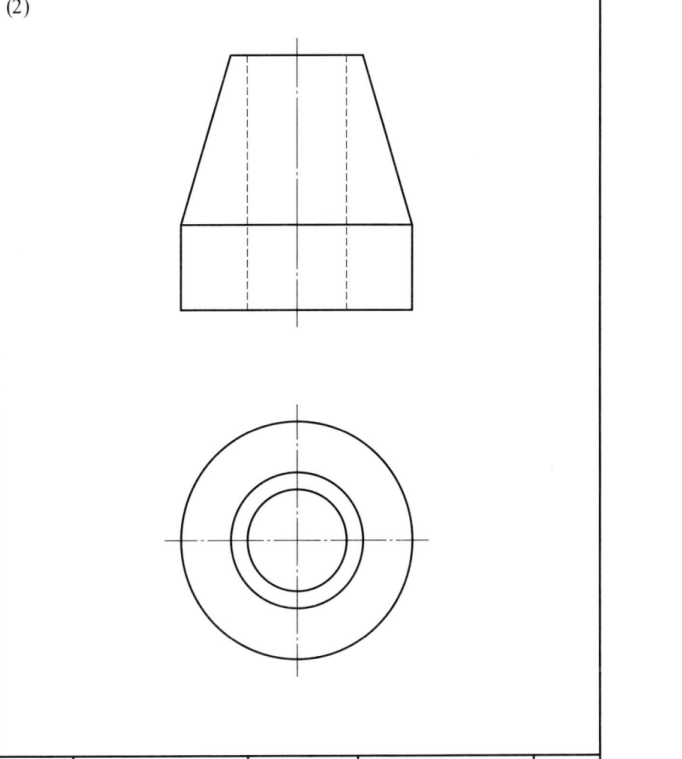

班 级	姓 名	学 号	审 阅	59

4-23 按1:1标注组合体尺寸（取整数）。

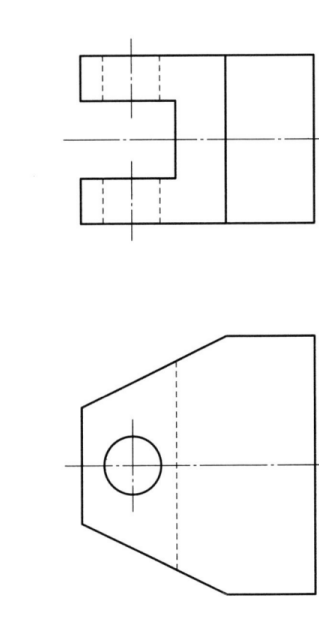

(1)

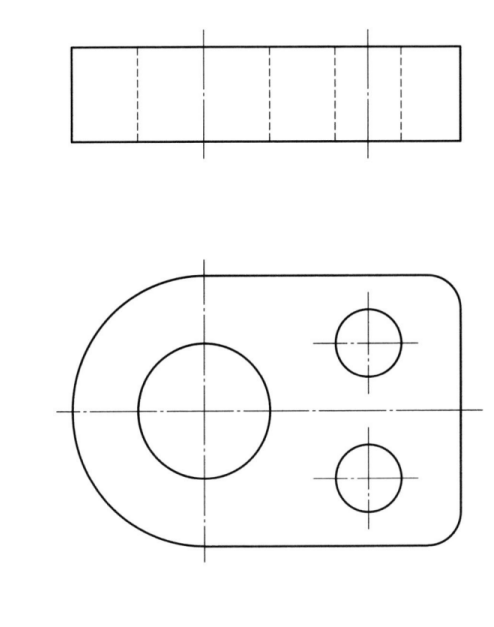

(2)

班 级	姓 名	学 号	审 阅	60

4-24 按1:1标注组合体尺寸(直接在图中量取尺寸后取整数标注)。

(1)

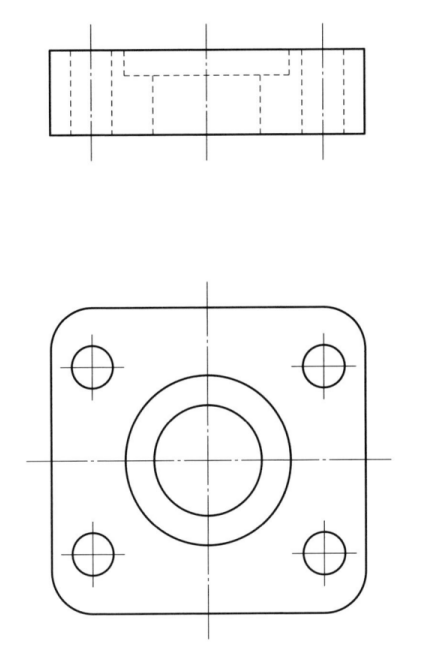

(2)

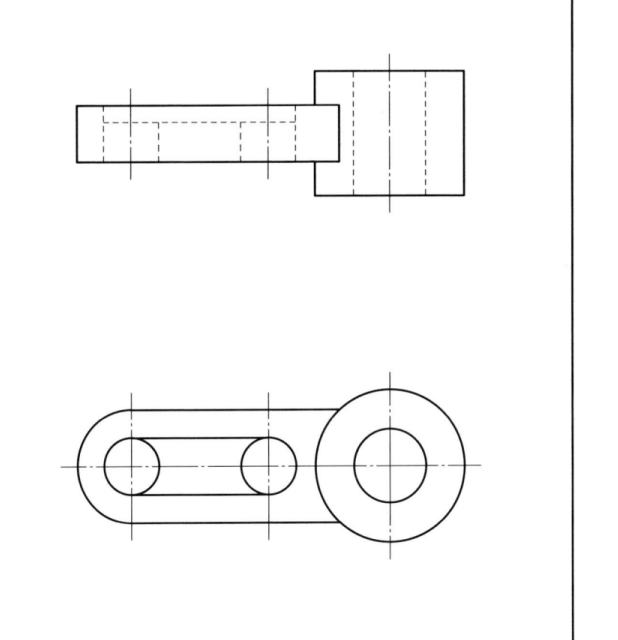

班 级	姓 名	学 号	审 阅	61

4-25 按1:1标注组合体尺寸(直接在图中量取尺寸后取整数标注)。

(1)

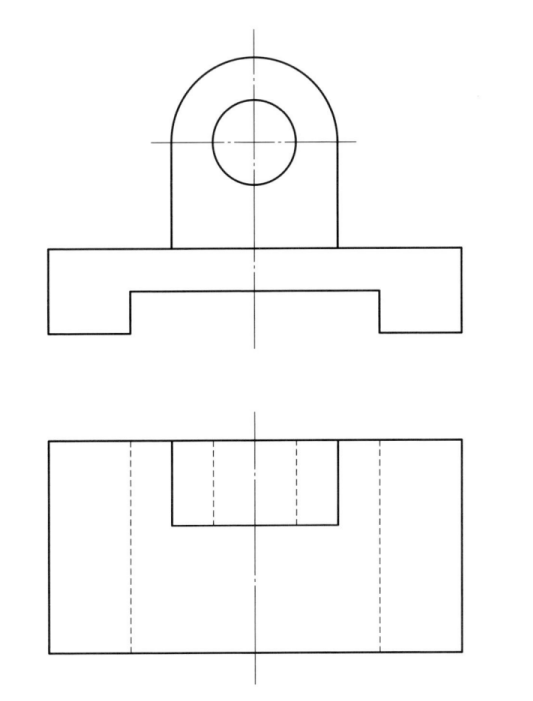

(2)

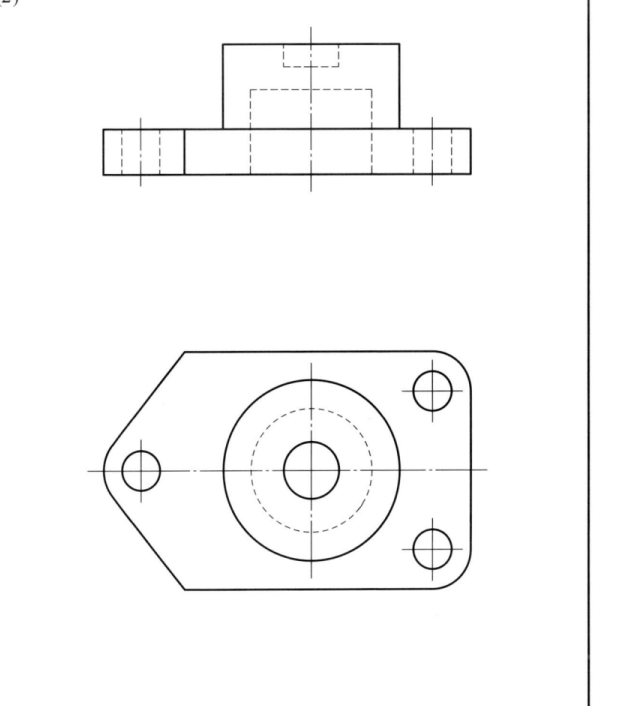

班 级	姓 名	学 号	审 阅	62

4-26 按1:1标注组合体尺寸（直接在图中量取尺寸后取整数标注）。

(1)

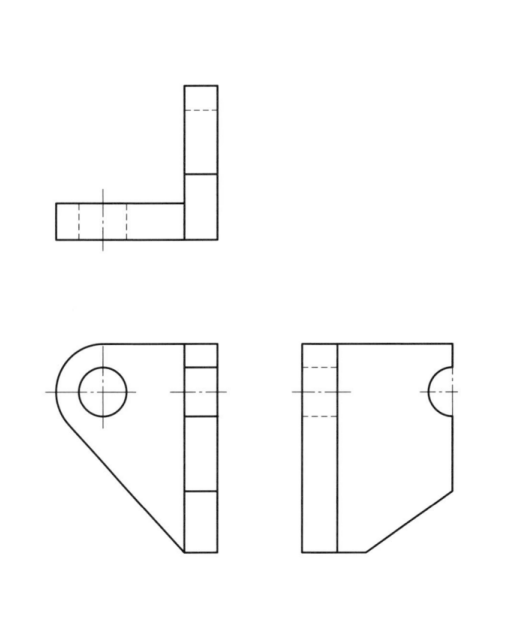

(2)

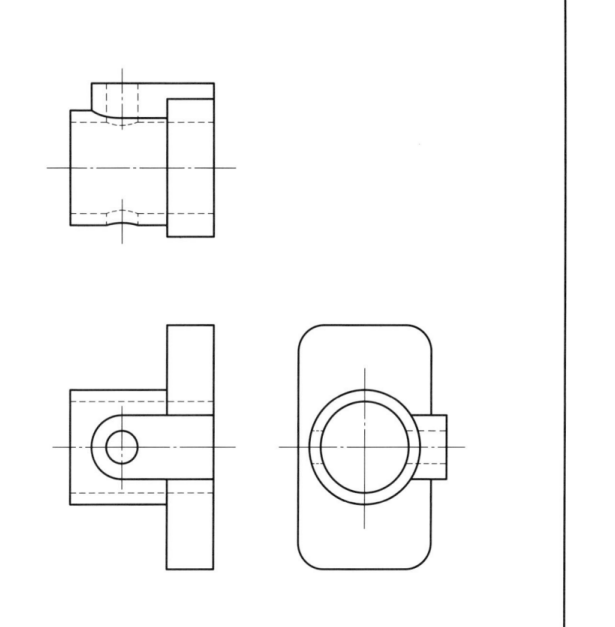

班 级	姓 名	学 号	审 阅	63

4-27 按1:1标注组合体尺寸（直接在图中量取尺寸后取整数标注）。

(1)

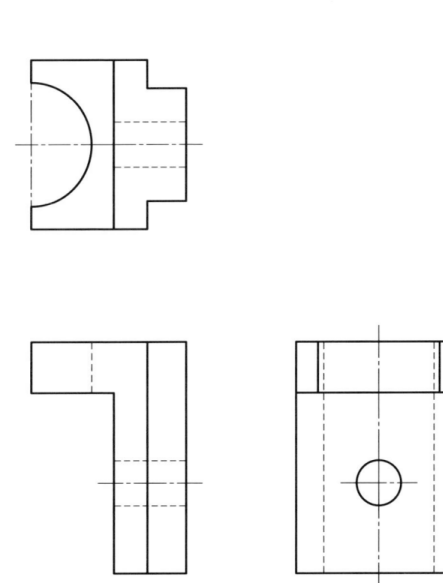

(2)

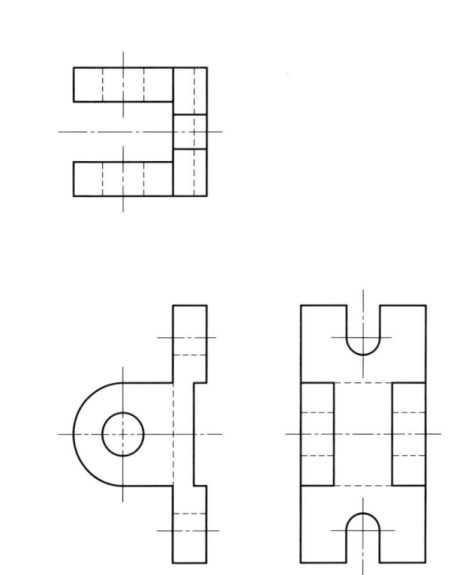

班级	姓名	学号	审阅	64

4-28 按1:1标注组合体尺寸(直接在图中量取尺寸后取整数标注)。

(1)

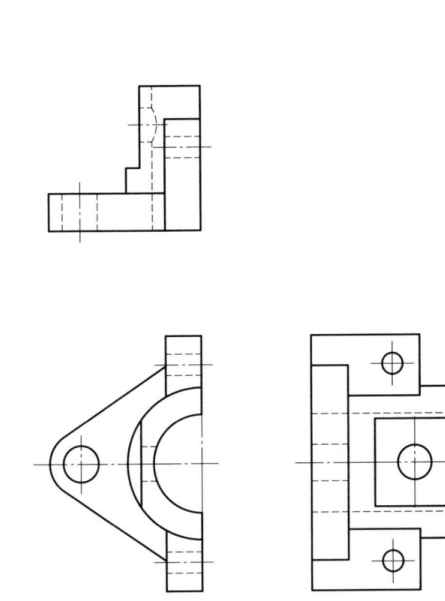

(2)

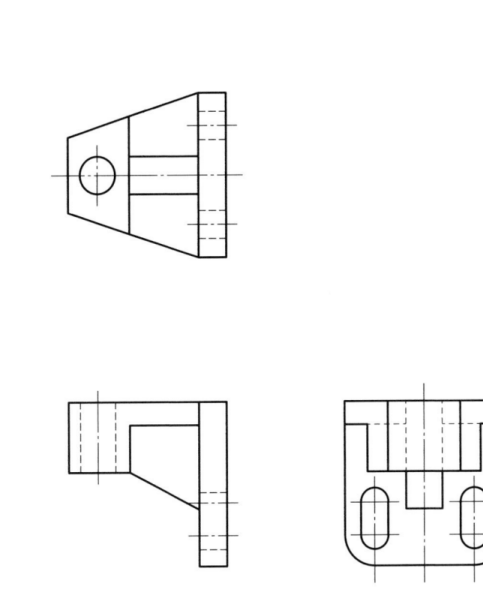

班 级	姓 名	学 号	审 阅	65

4－29 按1∶1标注组合体尺寸（直接在图中量取尺寸后取整数标注）。

(1)

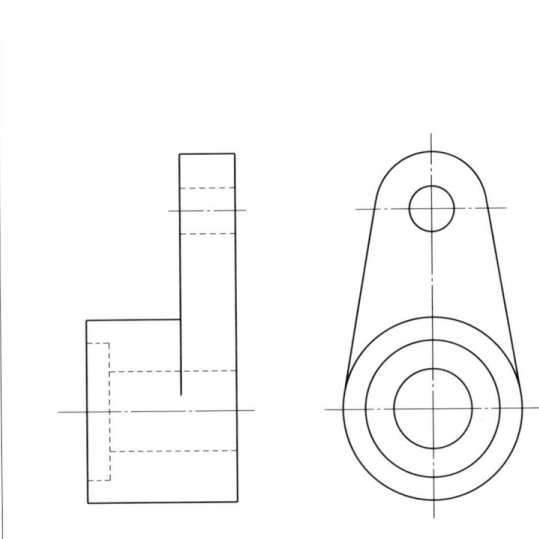

(2)

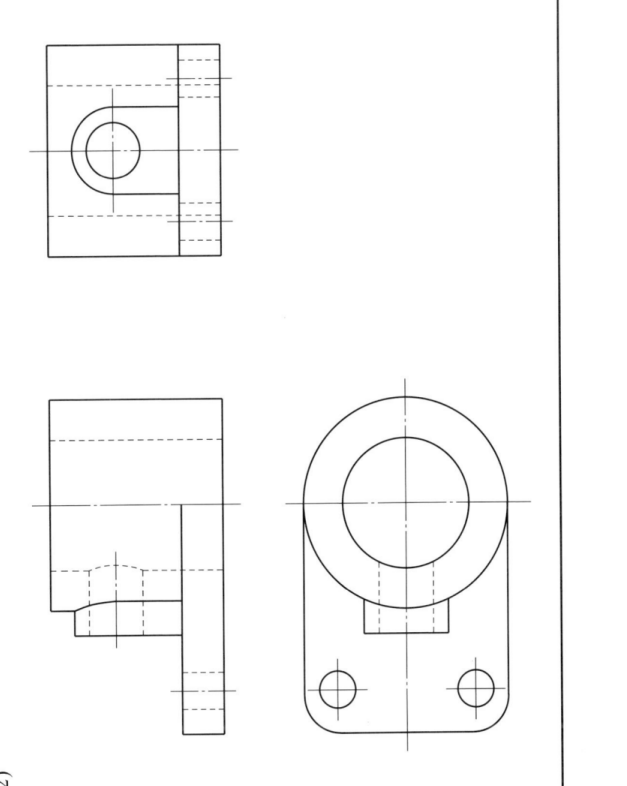

班 级	姓 名	学 号	审 阅	66

第5章 图样画法

5-1 根据已给的主、俯视图，补画该零件的另外四个基本视图。

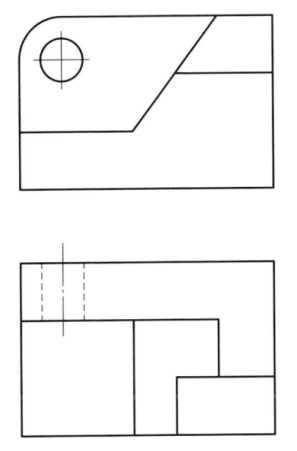

| 班 级 | | 姓 名 | | 学 号 | | 审 阅 | |

5-2 已知主、俯视图，在指定位置作出斜视图 A 和局部视图 B。

5-3 在指定位置作出斜视图 A、局部视图 B 和局部视图 C (底板为方板，有圆角，未知尺寸自定)。

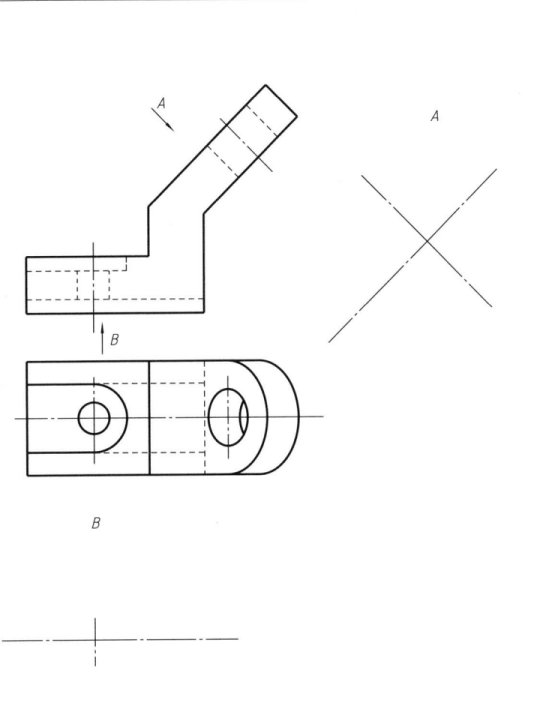

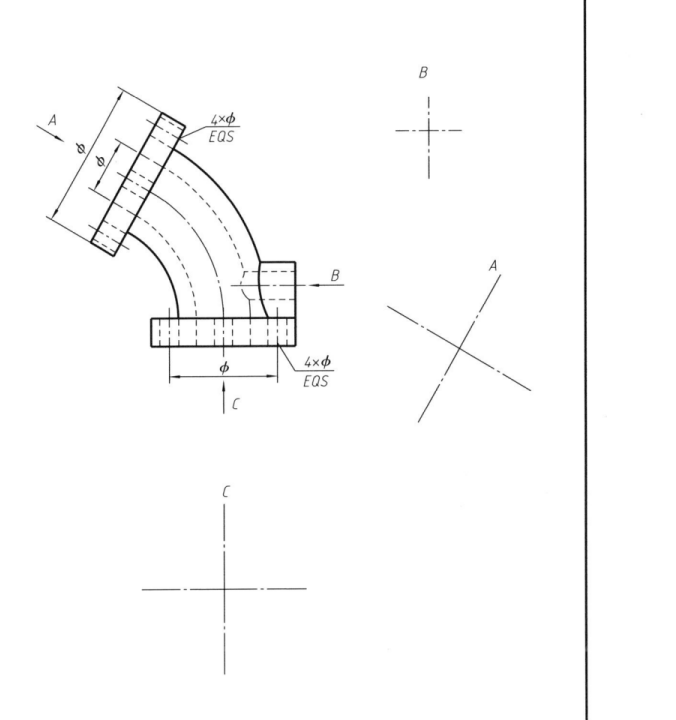

班 级	姓 名	学 号	审 阅	68

5-4 补画剖视图中的漏线。

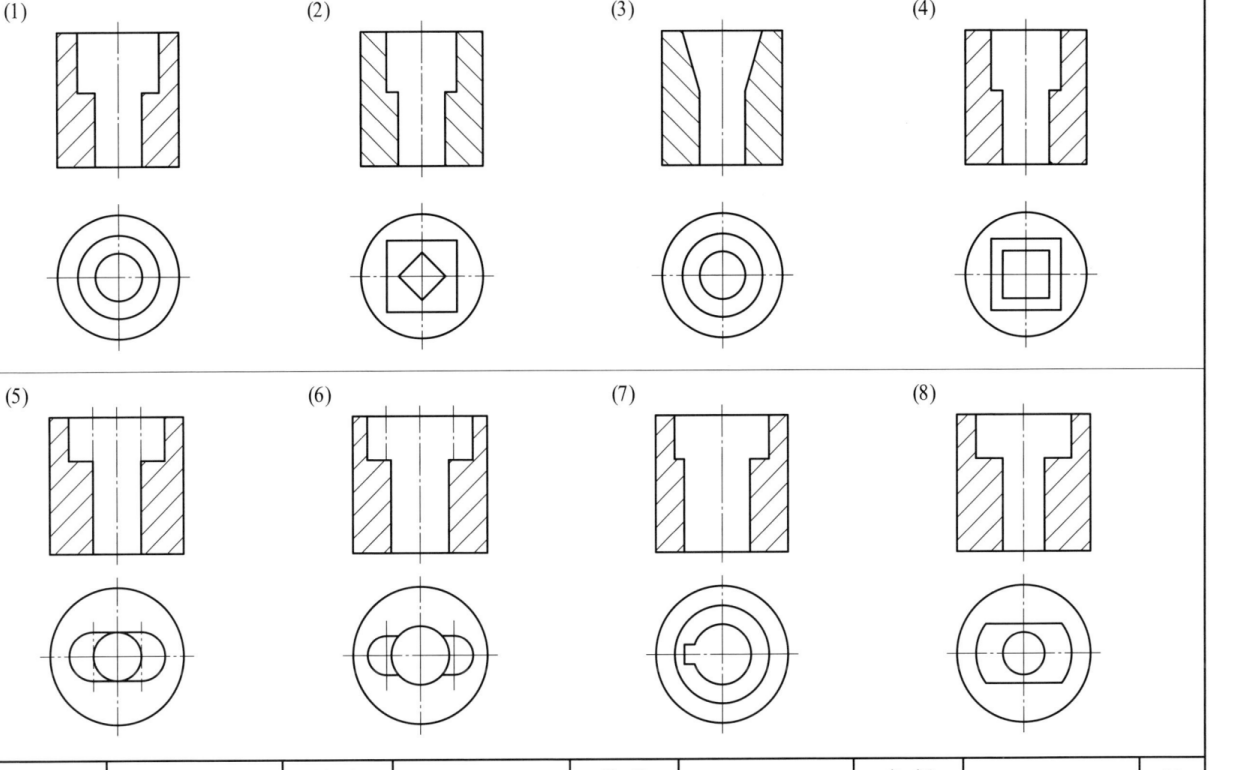

5-5 补画剖视图中的漏线。

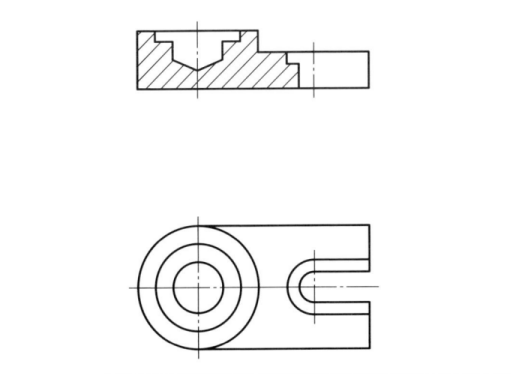

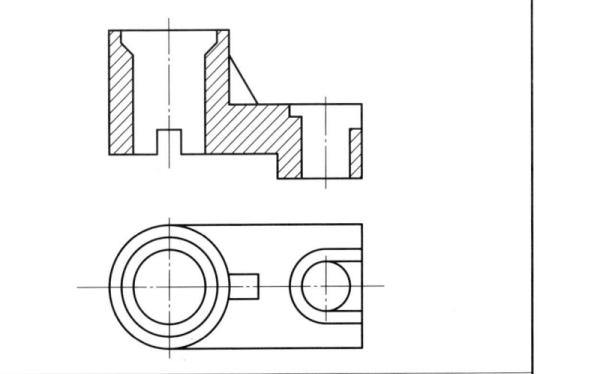

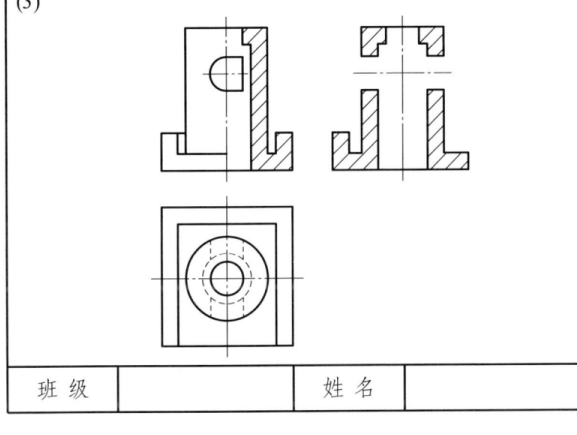

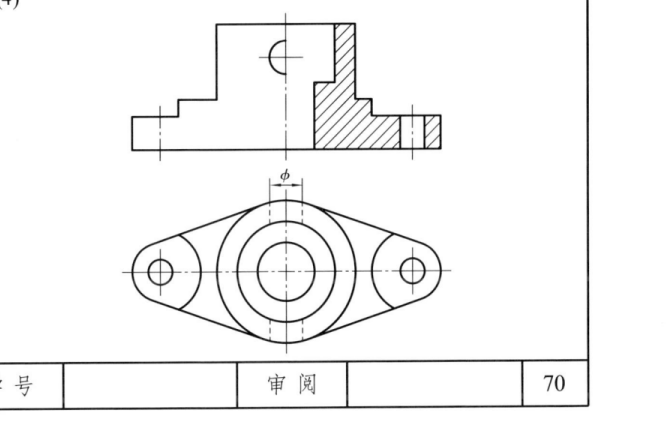

5-6 在指定位置将主视图画成全剖视图。

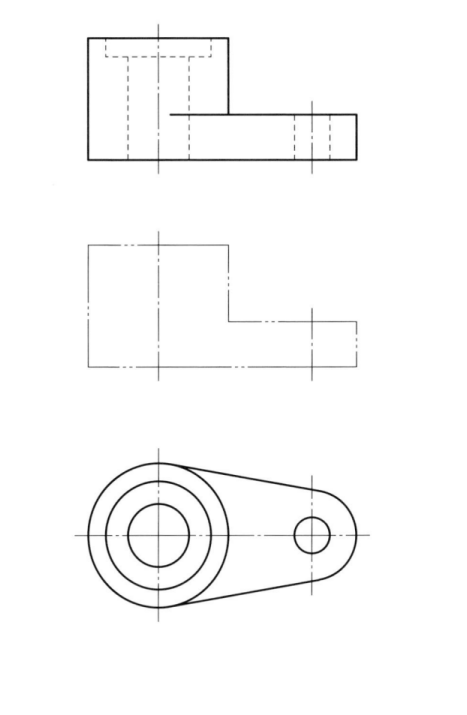

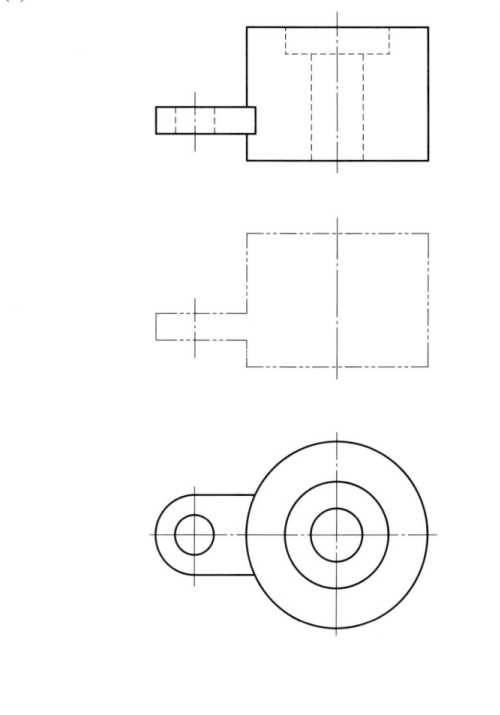

班 级		姓 名		学号		审 阅	71

5-7 在指定位置将主视图画成全剖视图。

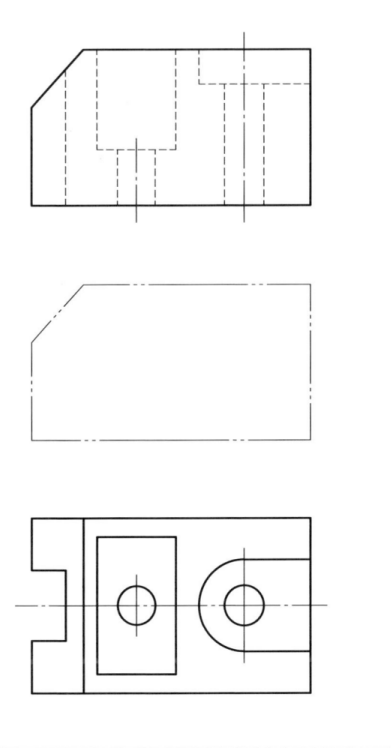

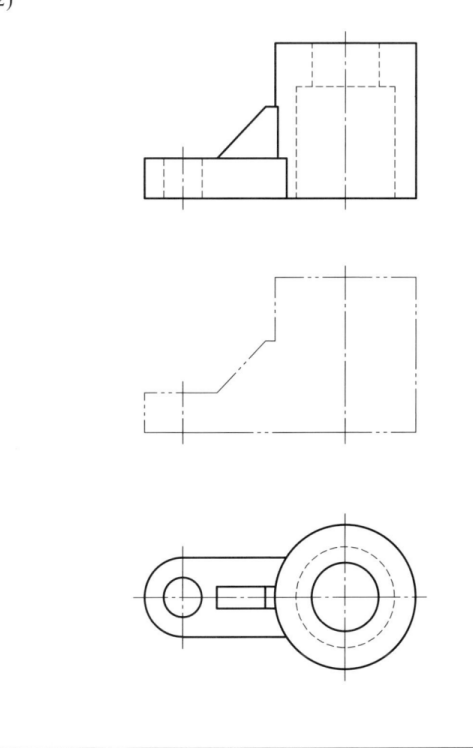

班 级		姓 名		学 号		审 阅	72

5-8 在指定位置将主视图画成全剖视图。

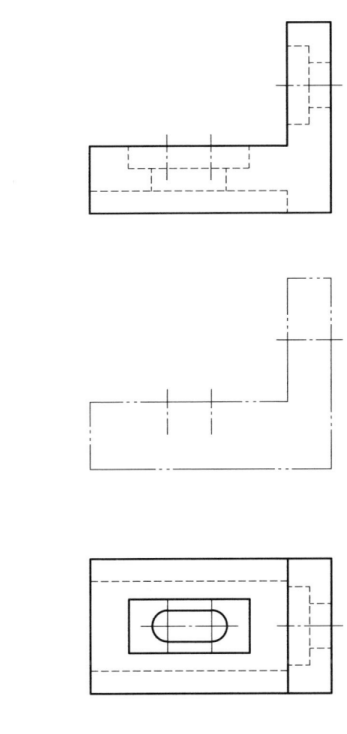

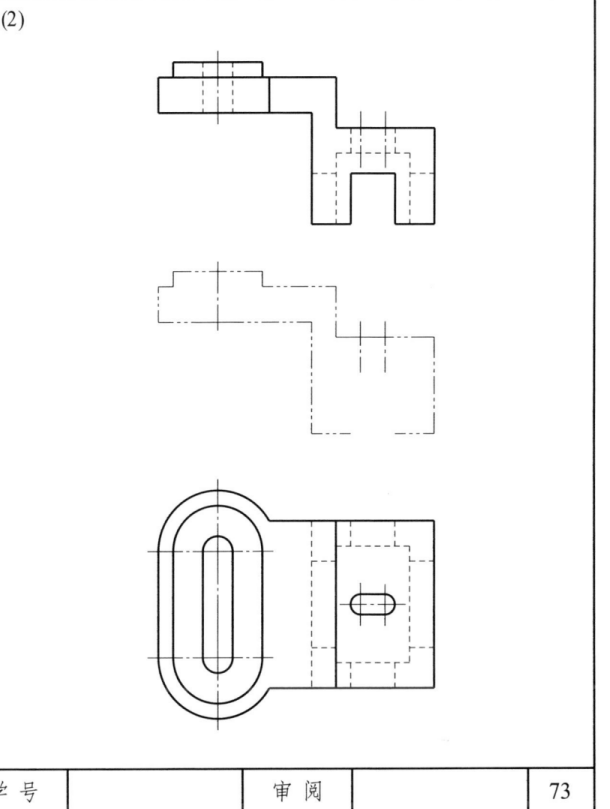

| 班 级 | | 姓 名 | | 学 号 | | 审 阅 | | 73 |

5－9 在指定位置将主视图画成全剖视图。

(1)

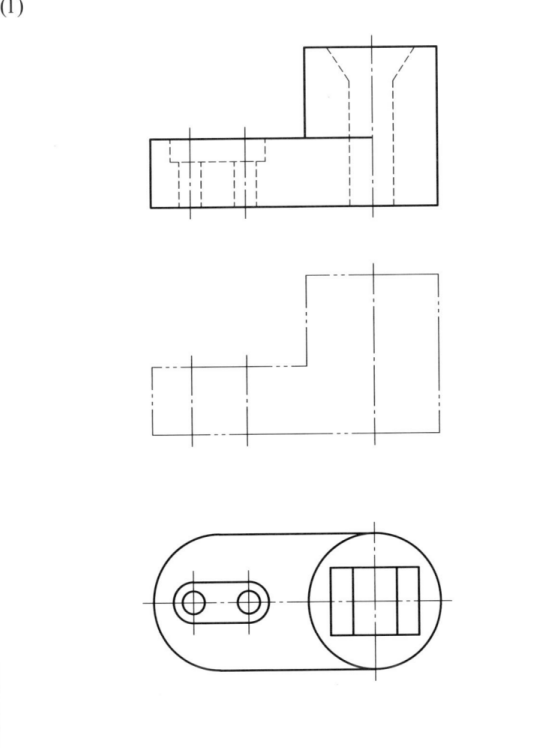

(2)

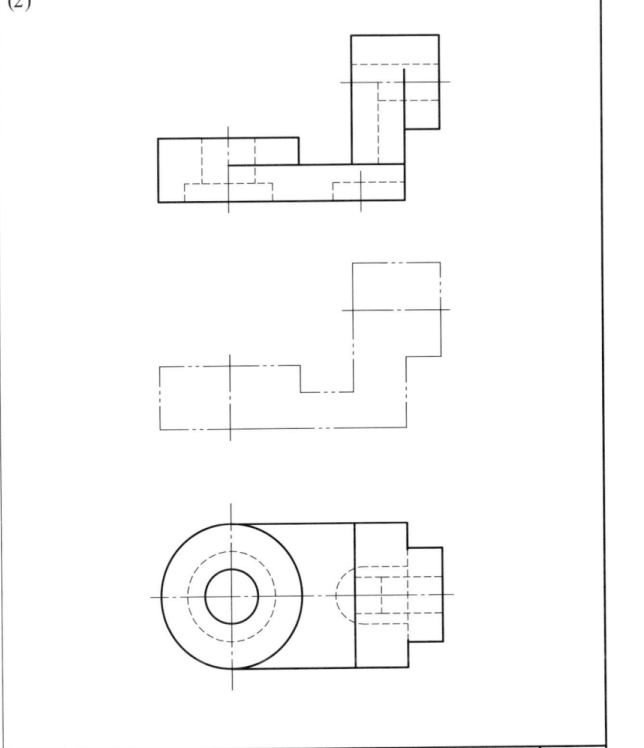

班 级	姓 名	学 号	审 阅	74

5－10 在指定位置将主视图画成全剖视图。

(1)

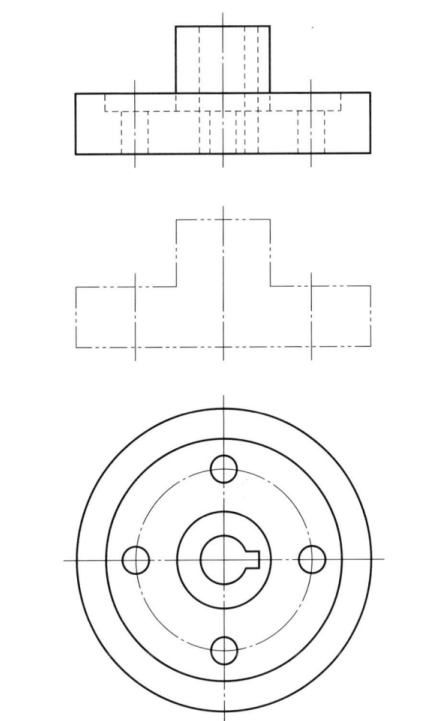

(2)

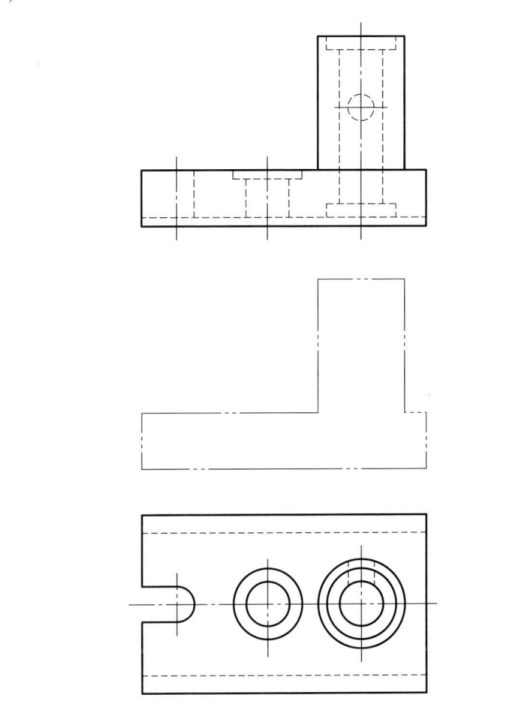

班 级	姓名	学 号	审 阅	75

5-11 求作全剖的主视图。

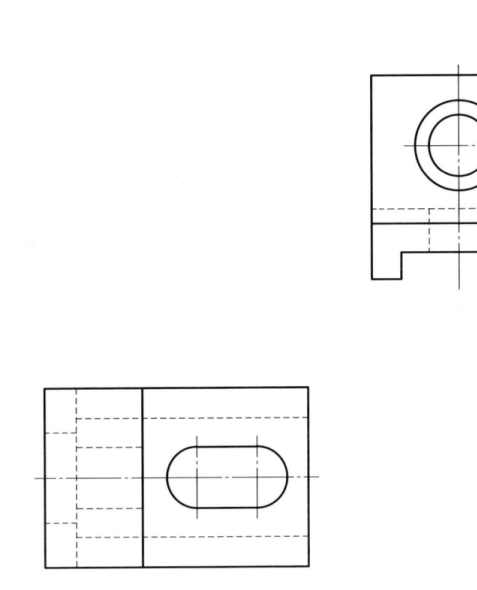

5-12 求作全剖的左视图。

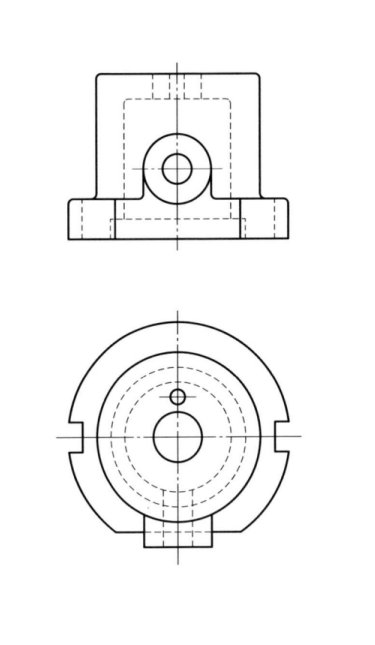

班 级		姓 名		学 号		审 阅	

5-13 将主视图改为半剖视图。

(1)

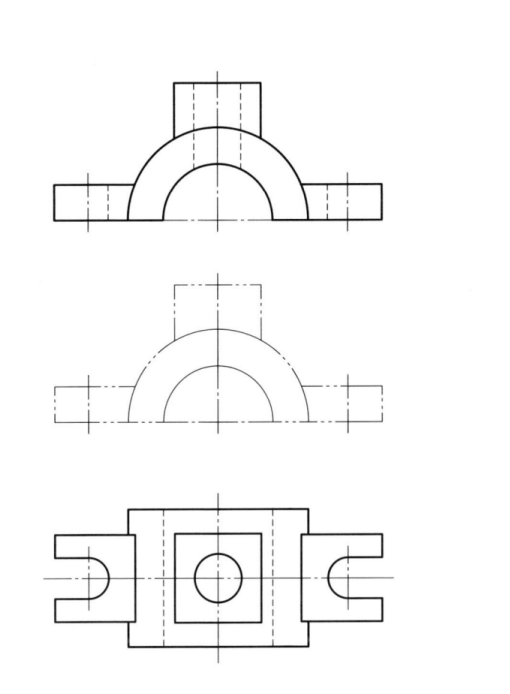

(2)

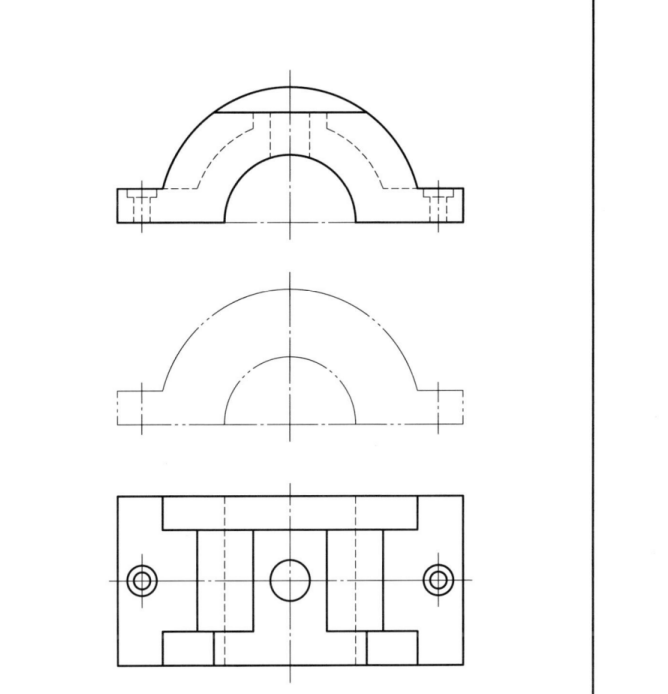

班 级	姓 名	学 号	审 阅	77

5－14 将主视图改成半剖视图。

(1)

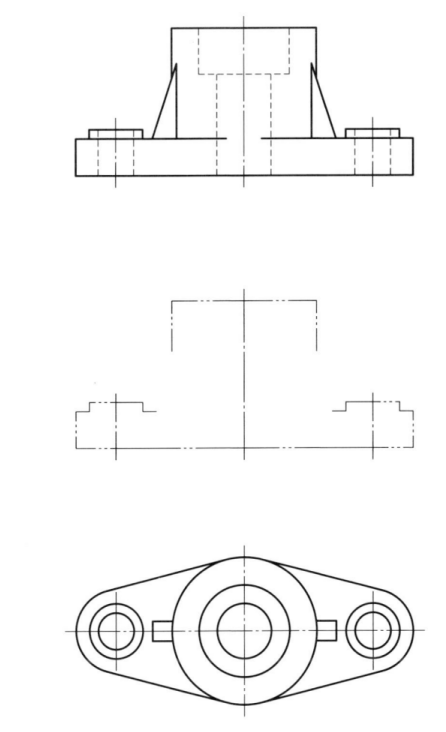

(2)

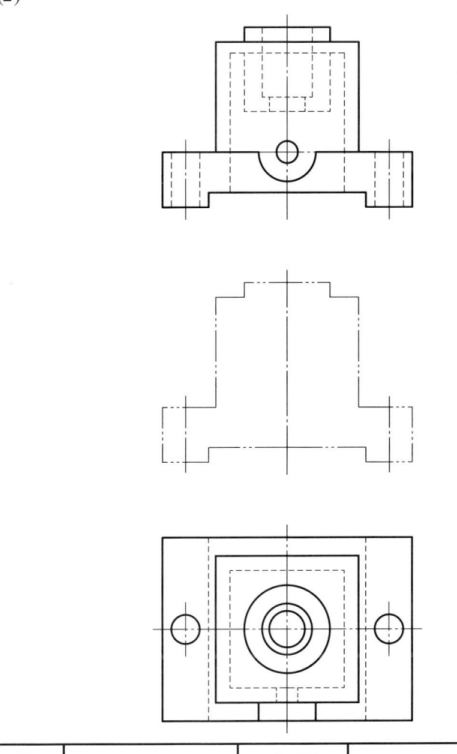

| 班 级 | | 姓 名 | | 学 号 | | 审 阅 | 78 |

5-15 将主视图改为半剖视图，补画全剖的左视图。

(1)

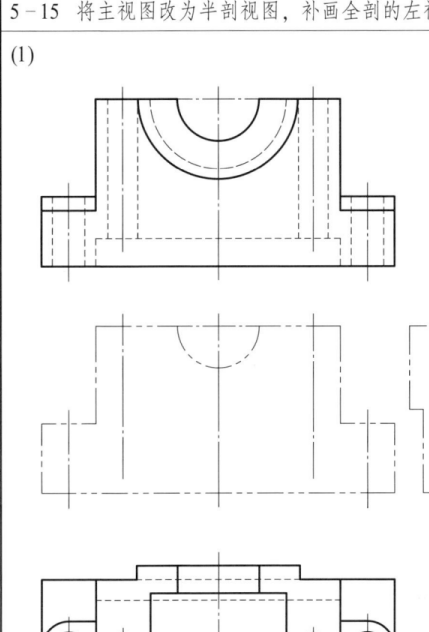

(2)

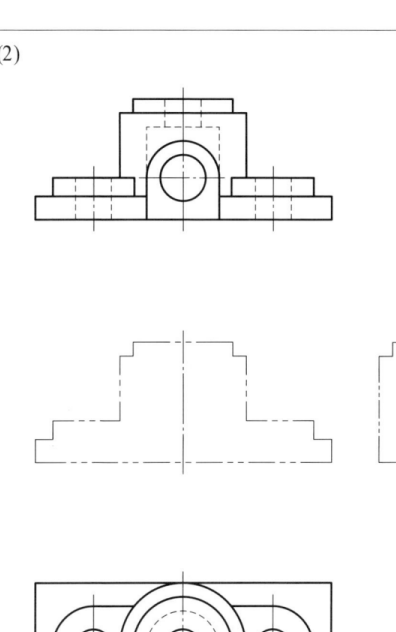

5-16 指出局部剖视图中的错误，将正确的画在右侧。

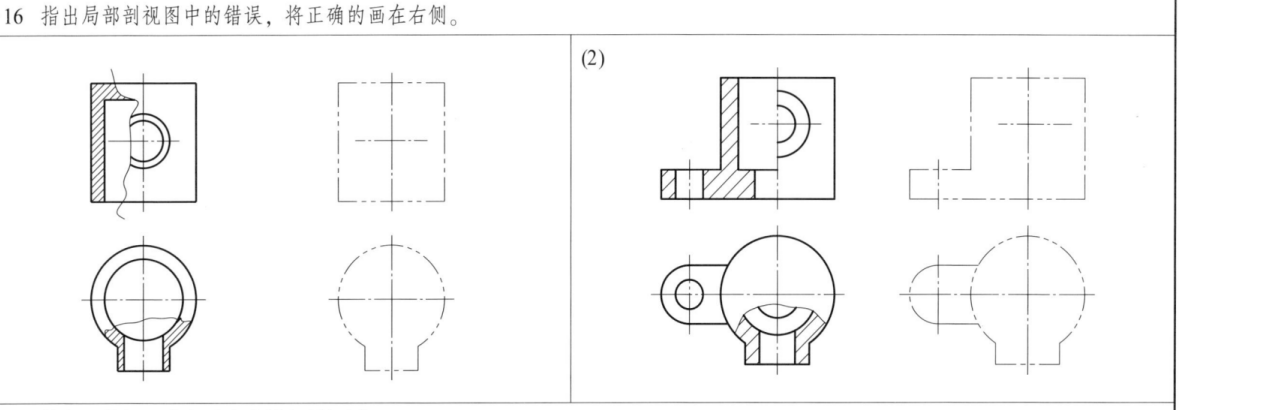

5-17 将主、俯视图改为适当的局部剖视图。

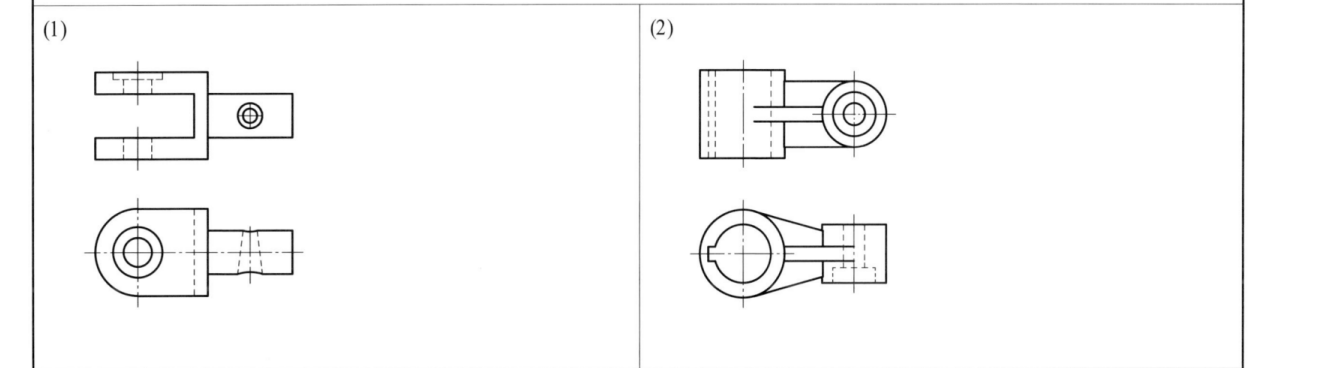

| 班 级 | | 姓名 | | 学 号 | | 审阅 | |

5-18 求作$A—A$斜剖视图。

(1)

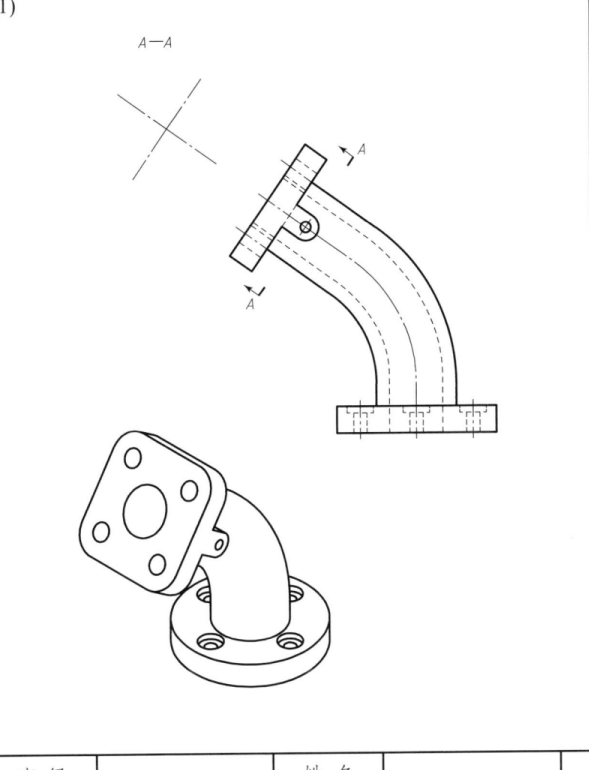

(2)

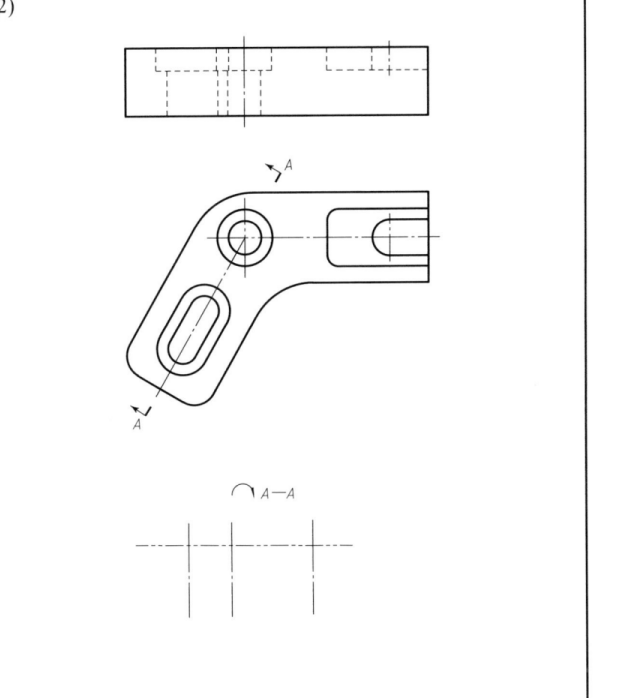

班 级	姓 名	学 号	审 阅	81

5-19 将主视图改成适当的全剖视图。

(1)

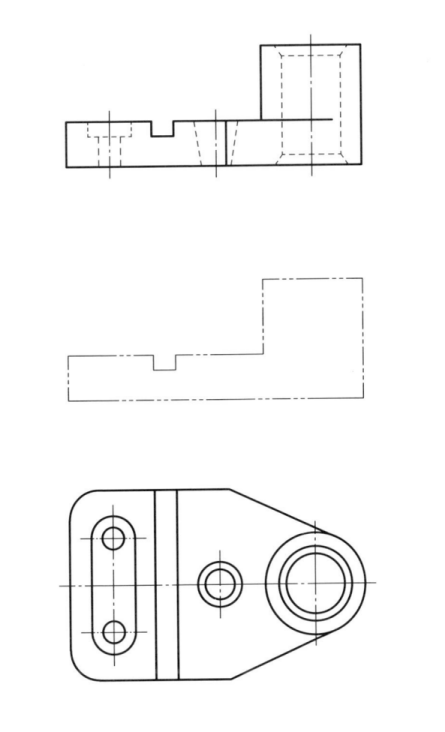

(2)

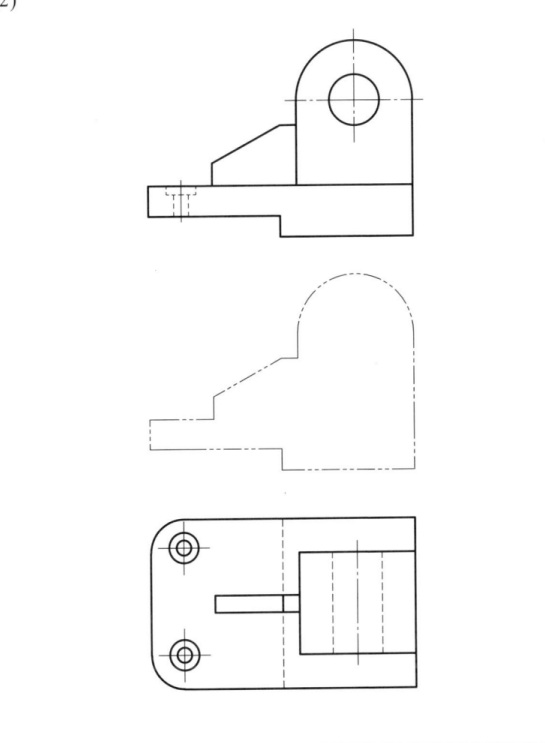

班 级	姓 名	学 号	审 阅	82

5-20 将主视图改成适当的全剖视图。

(1)

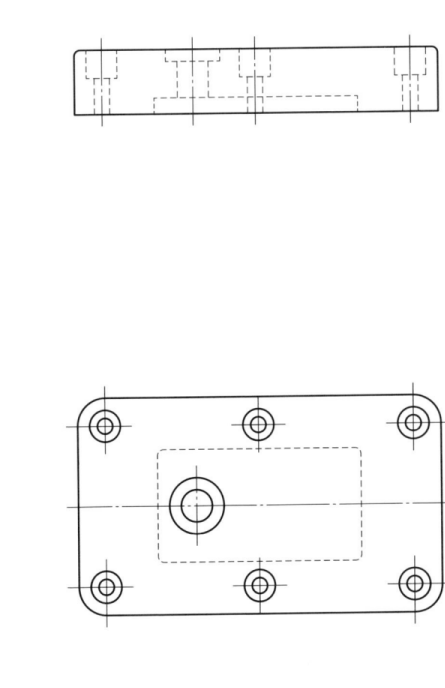

(2)

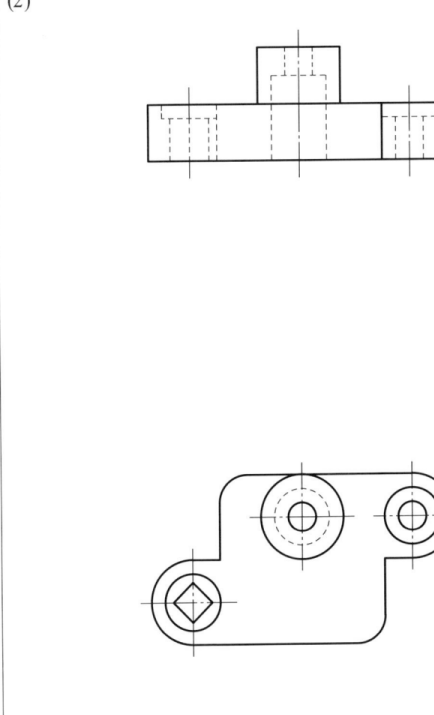

5-21 将主视图改成适当的全剖视图。

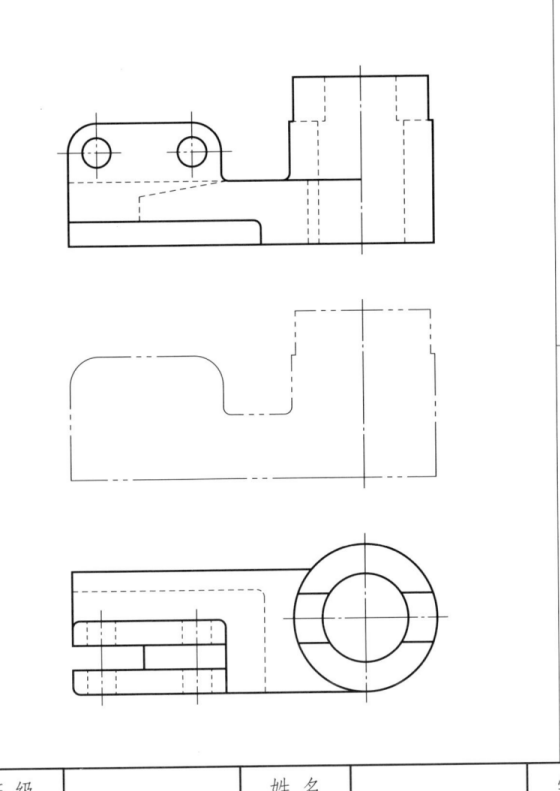

5-22 将视图改成适当的全剖视图。

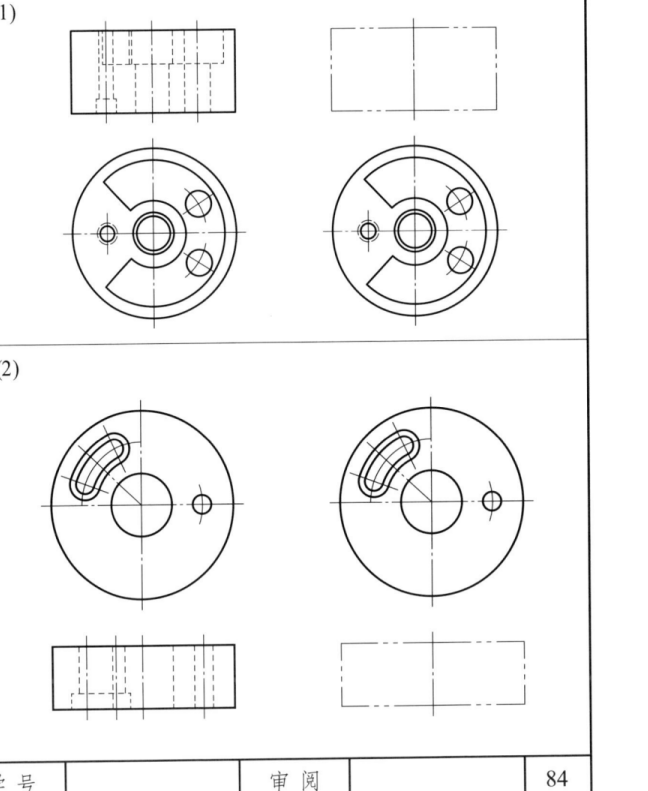

班 级	姓 名	学 号	审 阅	84

5-23 将主视图改成适当的全剖视图。

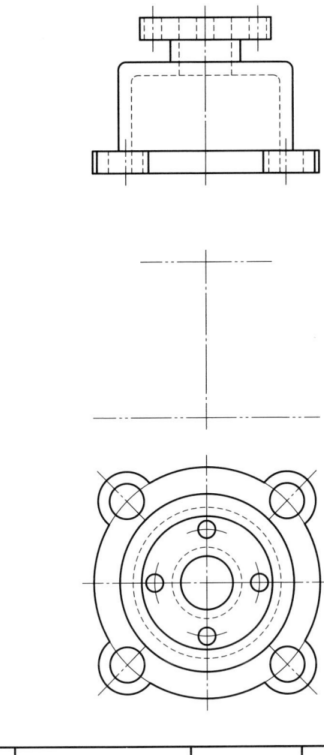

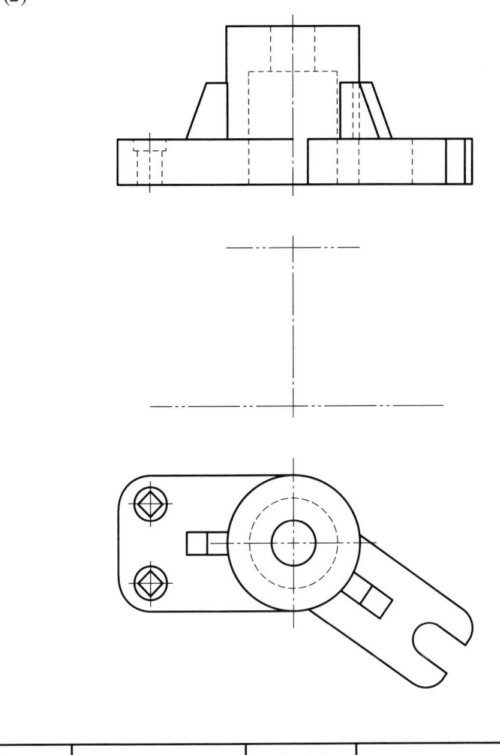

班 级		姓 名		学 号		审 阅	85

5-24 选择题。

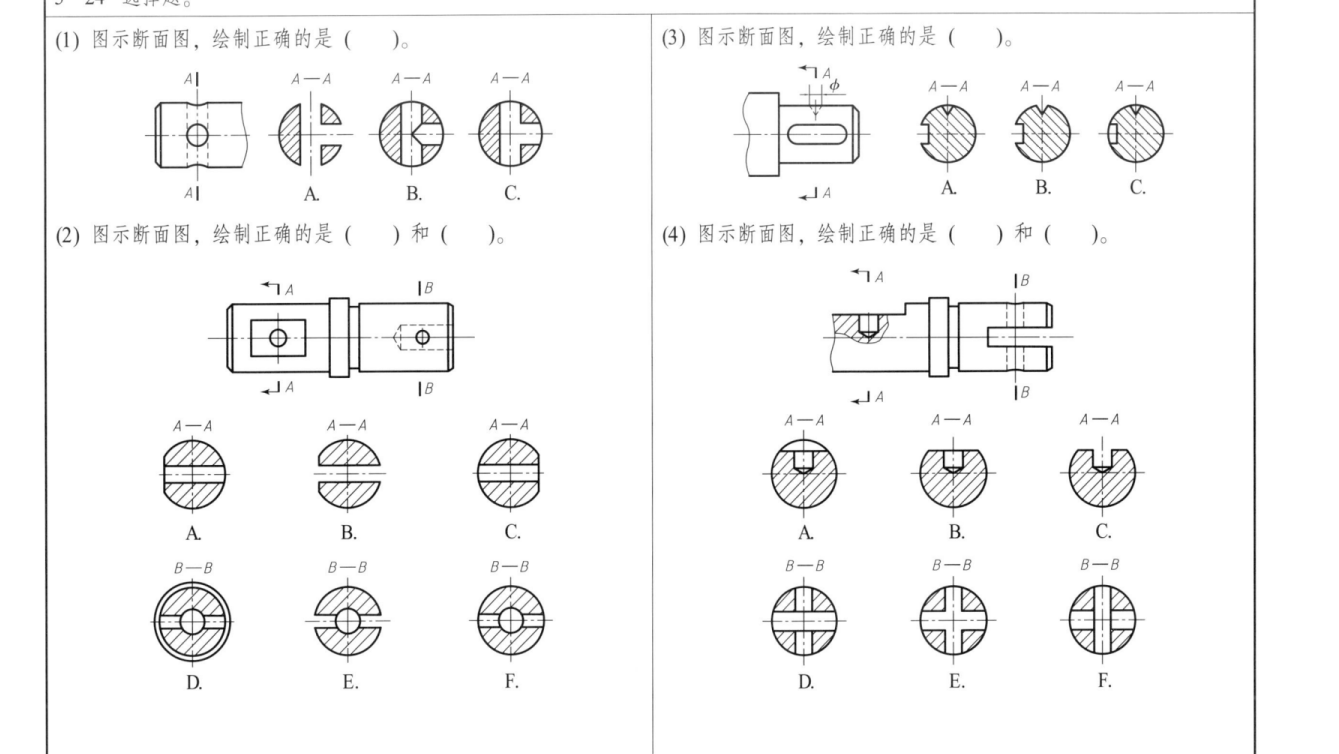

班 级	姓 名	学 号	审 阅	86

5－25 作断面图（键槽深 2.5 mm）和局部放大图（放大比例自定）。

(1)

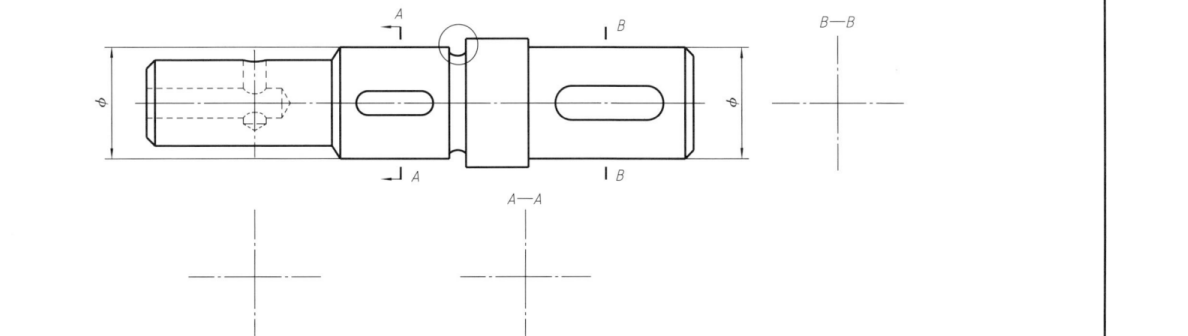

(2)

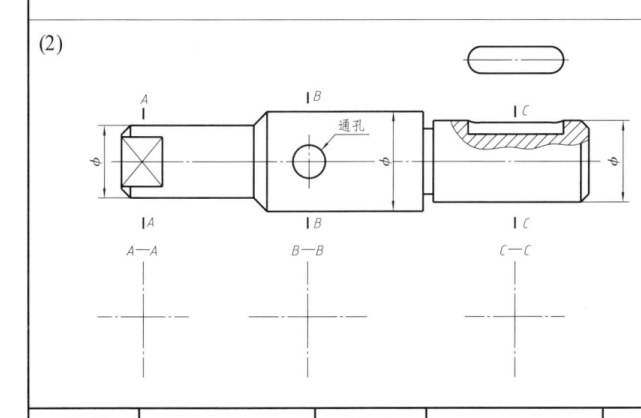

(3)

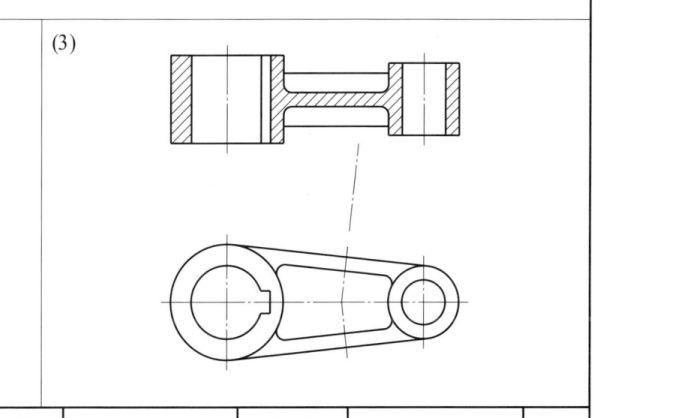

班 级	姓 名	学 号	审 阅	87

5-26 选用适当的表达方法绘制视图，并标注尺寸。

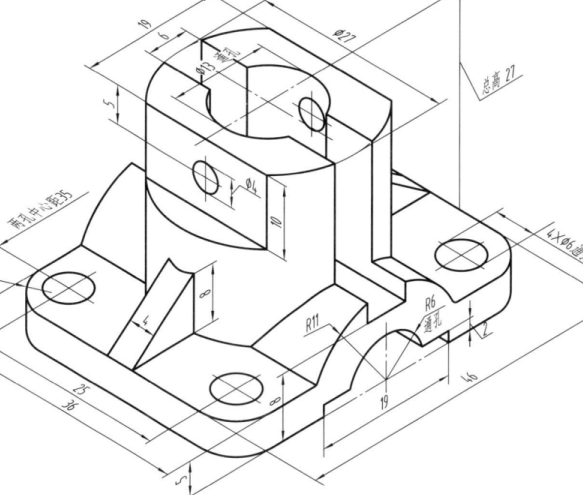

班 级		姓 名		学 号		审 阅	88

5-27 采用第三角画法，绘制下面立体的基本视图（从图中量取尺寸并取整标注）。

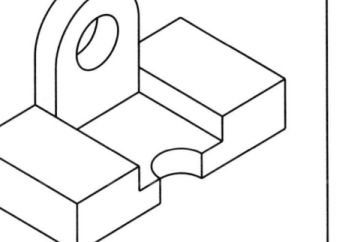

| 班 级 | | 姓 名 | | 学 号 | | 审 阅 | | 89 |

5-28 分别画出第一角画法和第三角画法的标记符号。

(a) 第一角画法标记

(b) 第三角画法标记

5-29 将下面的第一角画法转化为第三角画法。

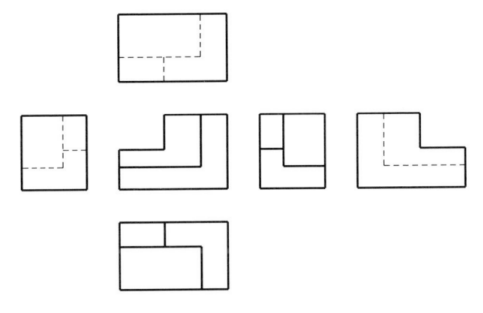

| 班 级 | | 姓 名 | | 学 号 | | 审 阅 | | 90 |

5-30 填空题。

1. 将机件的某一部分向基本投影面投影，所得到的视图称为（　　　　　）。
2. 机件向不平行基本投影面的平面投影所得的视图，称为（　　　　　　）。
3. 剖视表达中，用（　　　　）线画出物体被剖切平面剖切后的断面轮廓和剖切平面后的可见轮廓。
4. 根据机件被剖切范围的不同，可以将剖视图分为（　　　　）、（　　　　　　）和局部剖视图。
5. 在画剖视图时，应在剖断面上画出剖面符号，金属材料的剖面线一般采用（　　　　）线进行绘图，同一机件的各个剖视图，其剖面线方向应（　　　　），间距应（　　　　）。
6. 为表明剖视图与其他视图的对应关系，在画剖视图时应将（　　　　）、（　　　　）、（　　　　）标注在相应视图上。
7. 局部剖视图是在同一视图上同时表达机件内外形状的方法，采用（　　　　）线表示剖切范围，其剖切部位和范围根据实际需要确定。
8. 假想用剖切平面将机件在某处切断，仅画出（　　　　　　）的投影，并画上规定的剖面符号，这样的图形称为断面图。
9. 画在视图轮廓之外的断面图称为（　　　　　　），按投影关系画在视图轮廓线内的断面图，称为（　　　　）。
10. 移出断面图的轮廓线采用（　　　）线绘制，其断面上的剖面符号采用（　　　　）线绘制；重合断面图的轮廓线采用（　　　　）线绘制，断面上的剖面符号采用（　　　　）线绘制。
11. 局部放大图须在上方注明所用的比例，即（　　　　　　）与（　　　　　　）之比。
12. 较长的机件沿长度方向形状一致或按一定规律变化时，可以采用断开缩短绘制，断裂处用（　　　　）线画出，但必须按机件（　　　）长度标注尺寸。

5-31 判断题（正确的画√，错误的画×）。

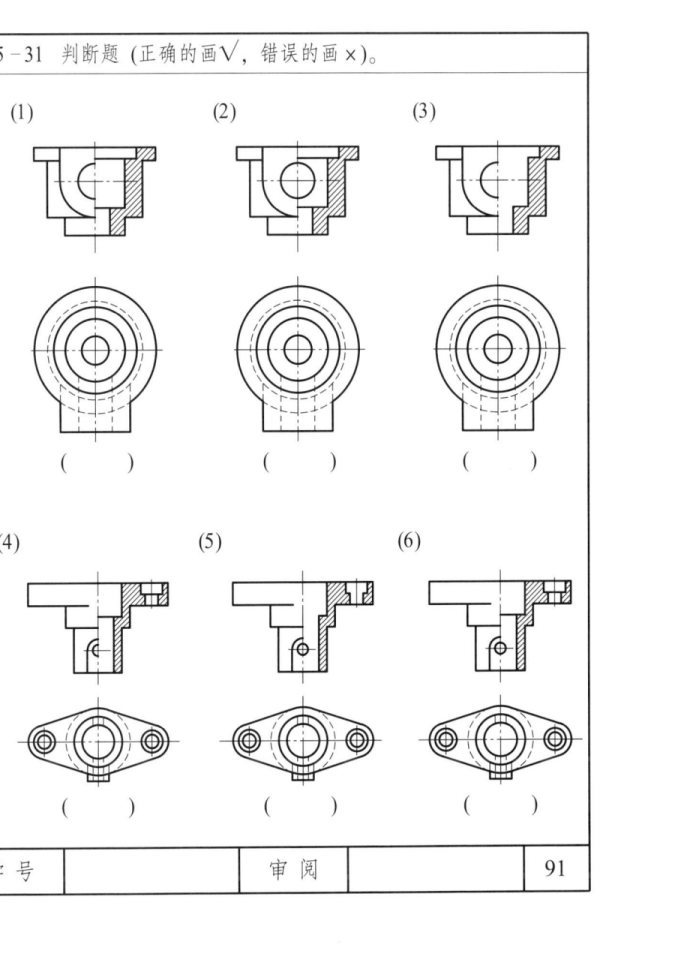

班级	姓名	学号	审阅	91

第 6 章 标准件与常用件

6-1 找出螺纹画法中的错误，并在下图中画出正确的螺纹。

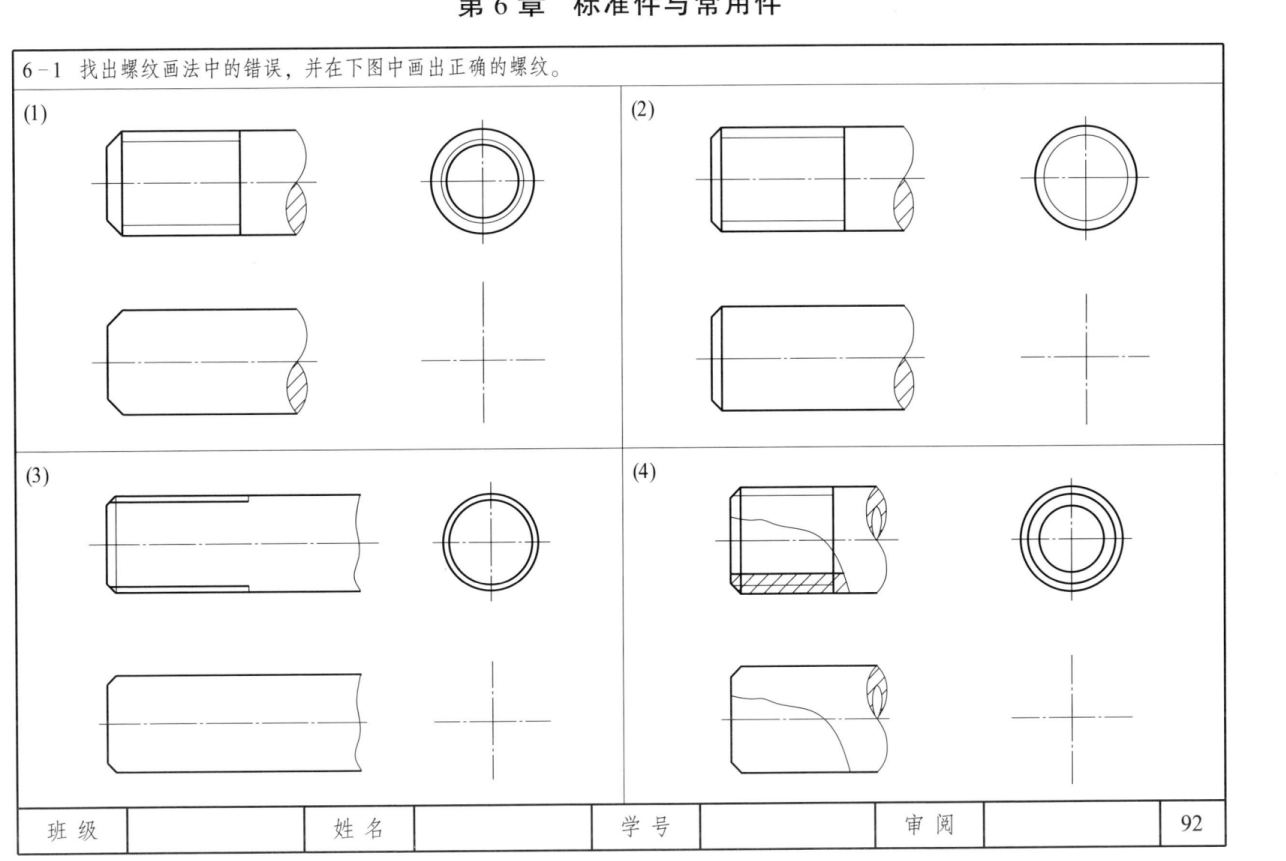

班 级	姓 名	学 号	审 阅

6-2 找出螺纹画法中的错误，并在下图中画出正确的螺纹。

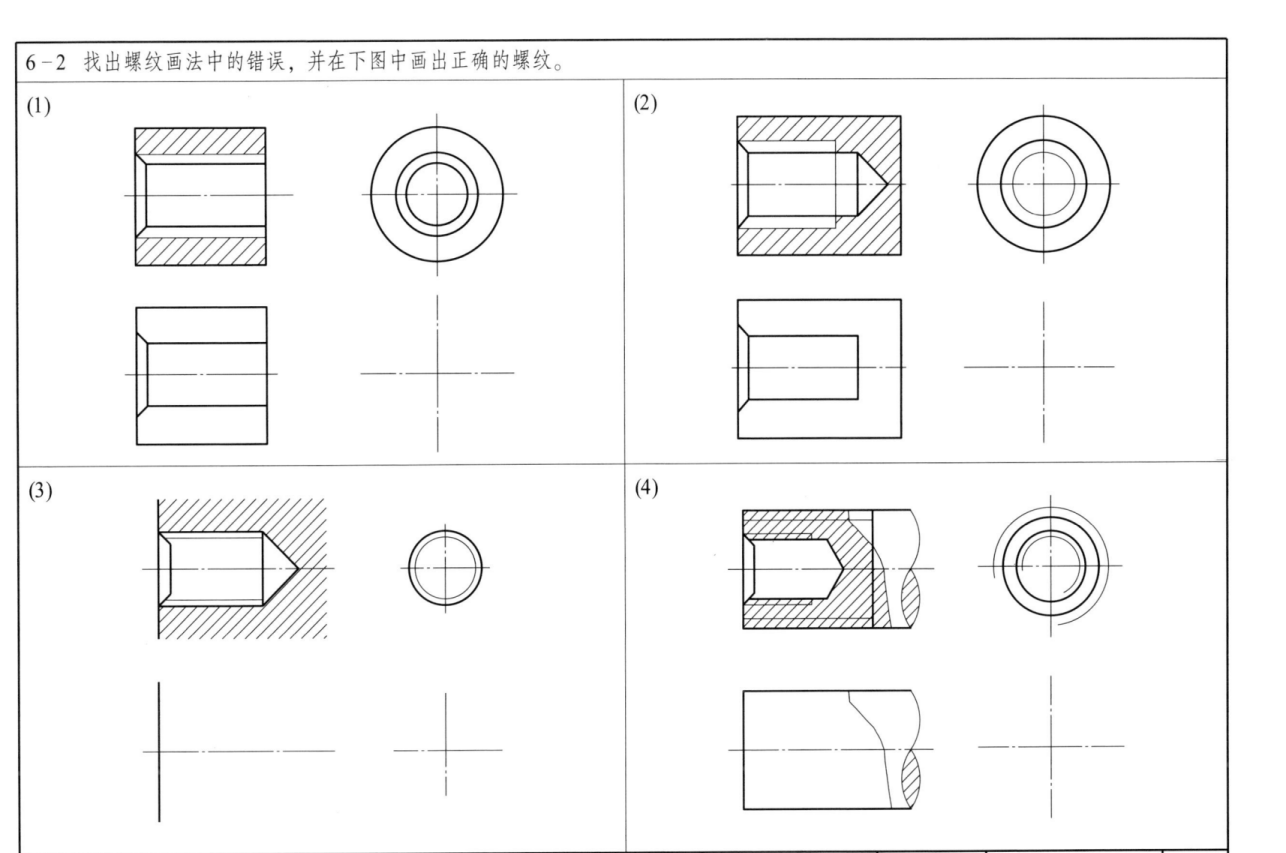

6-3 按规定画法画出螺纹的主、左视图 (画出内、外螺纹倒角)。

(1) 外螺纹，公称直径 24 mm，螺纹长度 32 mm，螺杆长度 40 mm，倒角 $C2$。

(2) 内螺纹，公称直径 24 mm，螺纹深度 28 mm，钻孔深度 40 mm，倒角 $C2$。

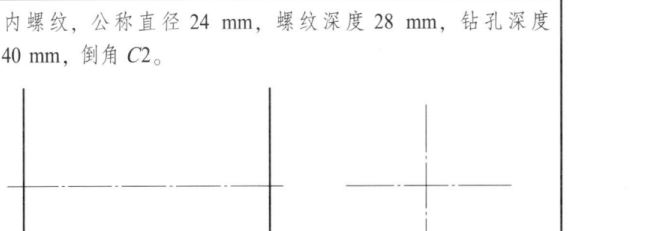

6-4 补全内、外螺纹连接的全剖视图，并画出 $A—A$ 断面图。

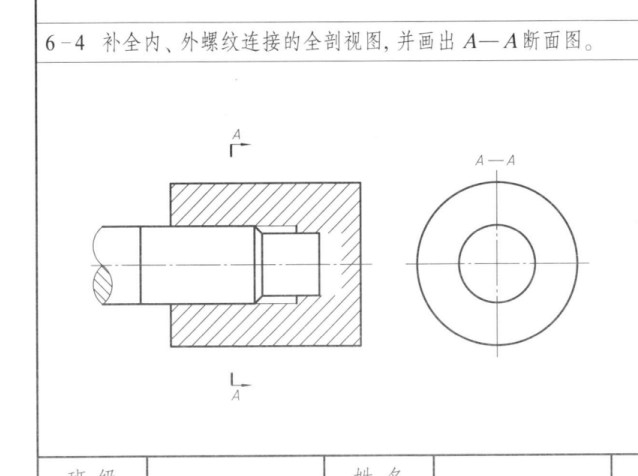

6-5 绘制螺纹连接断面图。

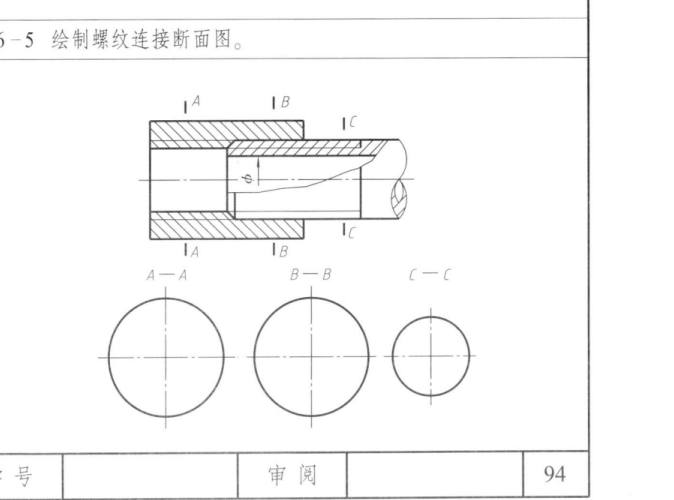

| 班 级 | | 姓 名 | | 学 号 | | 审 阅 | | 94 |

6-6 按要求作图。

(1) 画出螺杆直径为 20 mm，长度为 40 mm，一端有普通螺纹，螺纹长度为 25 mm，两端均作出倒角的两个视图。

(2) 画出在长 52 mm、宽 32 mm、高 32 mm 的铸铁块上，制出螺孔直径为 20 mm、钻深为 40 mm、螺孔深 30 mm 的盲孔的两个视图。

(3) 画出将 (1)、(2) 的内外螺纹连接起来旋入长度为 22 mm 的两个视图。

| 班 级 | | 姓 名 | | 学 号 | | 审 阅 | | 95 |

6-7 判断题（正确的画√，错误的画×）。

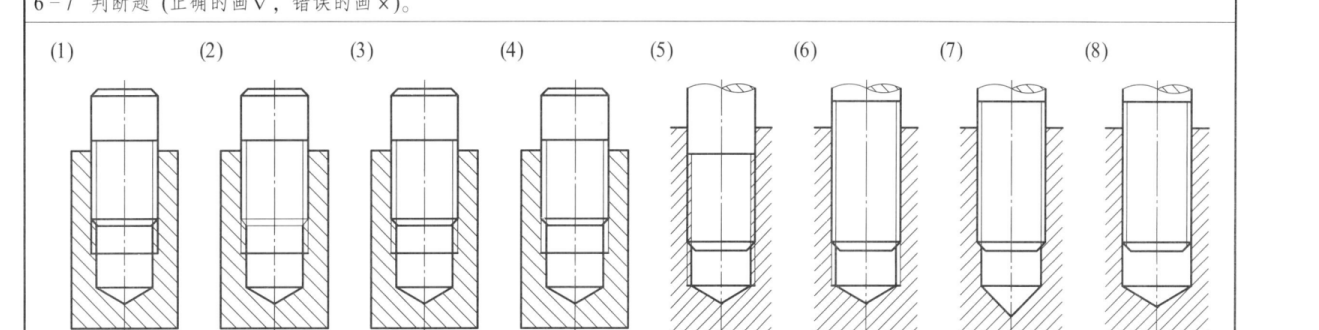

	(1)	(2)	(3)	(4)	(5)	(6)	(7)	(8)
	( )	( )	( )	( )	( )	( )	( )	( )

6-8 解释下列螺纹标记中各代号的含义并填空。

螺纹标记	螺纹种类	螺纹大径	导程	螺距	线数	中径公差带代号	旋向	旋合长度
M16 - 6H7H - S - LH								
M20 × 1.5 - 6g7g - L								
Tr36 × 12(P6)LH - 8e								
G1/4A - LH								

(1) 内外螺纹旋合时，需要_____、_____、_____、_____、_____五要素相同。

(2) 不论内螺纹还是外螺纹，螺纹的代号及尺寸均应注在螺纹的_____径上；但管螺纹用_____标注。

(3) 标准螺纹的_____、_____、_____都要符合国家标准。常用的标准螺纹有_____。

6-9 按要求标注螺纹尺寸及代号。

(1) 普通粗牙螺纹，公称直径为24 mm，螺距为3 mm，单线，左旋，中、顶径公差带代号均为6g，中等旋合长度。

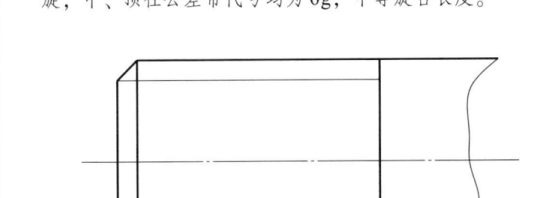

(2) 普通细牙螺纹，公称直径为20 mm，螺距为1.25 mm，单线，右旋，中、顶径公差带代号均为6H，长旋合长度。

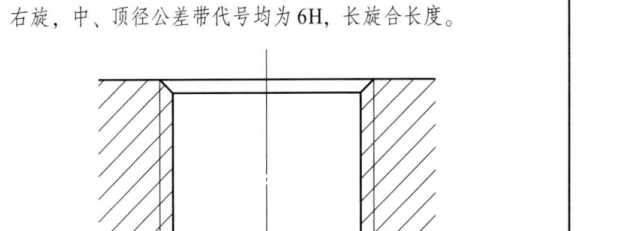

(3) 梯形螺纹，公称直径为36 mm，螺距为6 mm，双线，左旋，中径公差带代号为8e。

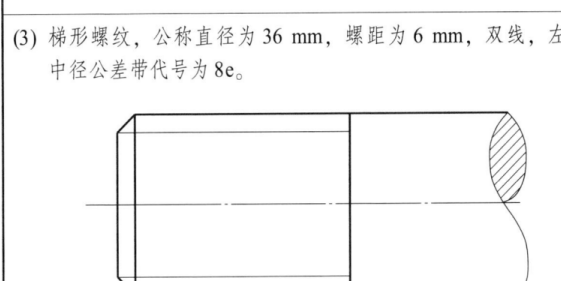

(4) 非螺纹密封管螺纹，尺寸代号为3/4，公差等级为A级，右旋。

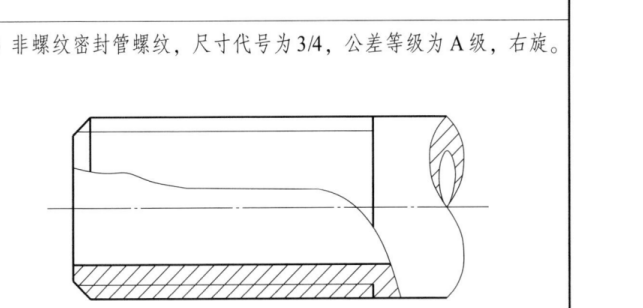

6-10 查表标注下列标准件的尺寸。

(1) 螺栓 GB/T 5782—2016，公称直径为 24 mm，公称长度为 100 mm，A 级。

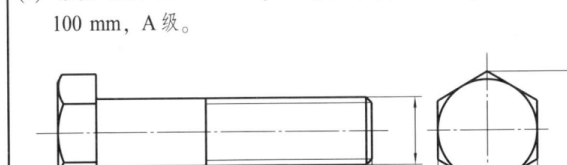

规定标记_____。

(2) 双头螺柱 GB/T 898—1988，公称直径为 10 mm，公称长度为 100 mm，B 型。

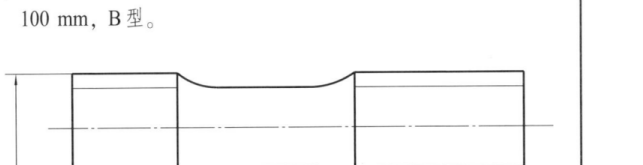

规定标记_____。

(3) 六角螺母 GB/T 6170—2015，公称直径为 16 mm。

规定标记_____。

(4) 不经表面处理的平垫圈 GB/T 848—2002，公称直径为 8 mm。

规定标记_____。

班 级		姓 名		学 号		审 阅		98

6-11 查表画出下列螺纹紧固件，并标注螺纹的公称直径、螺栓和螺钉的长度（比例均采用 1:1）。

(1) 螺栓 GB/T 5782—2016 M8 × 40，轴线水平放置，头部朝左的主、左视图。	(2) 螺母 GB/T 6170—2015 M16，轴线水平放置的主、左视图。	(3) 标准型弹簧垫圈：垫圈 GB 93—1987 16。
(4) 开槽圆柱头螺钉：螺钉 GB/T 65—2016 M10 × 30，轴线水平放置，头部朝左的主、左视图。	(5) 平垫圈：垫圈 GB/T 97.1—2002 12。	(6) 双头螺柱 GB/T 898—1988，两端均为粗牙普通螺纹，d = 12 mm，l = 40 mm，不经表面处理。

班 级	姓 名	学 号	审 阅	99

6-12 判断下列螺栓连接和螺钉连接画法的正误 (正确的画√，错误的画×)。

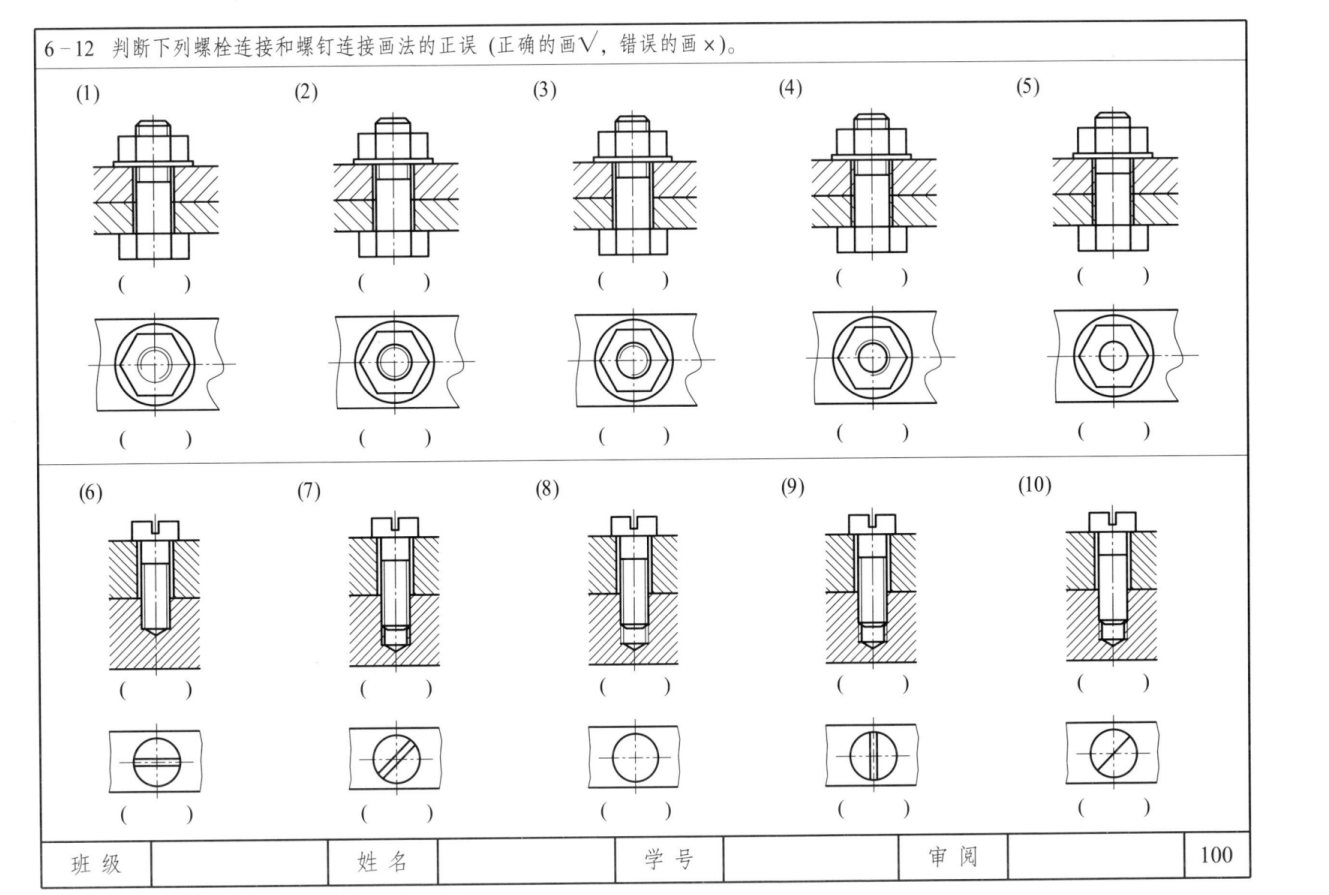

班 级	姓 名	学 号	审 阅	100

6-13 用简化画法画出使用六角头螺栓 (GB/T 5782—2016)、六角螺母 (GB/T 6170—2015) 和平垫圈 (GB/T 97.1—2002) 连接两板的连接图，螺栓的公称直径为 12 (主视图全剖，俯、左视图不剖)。

公称长度 $L \geqslant$ _____。

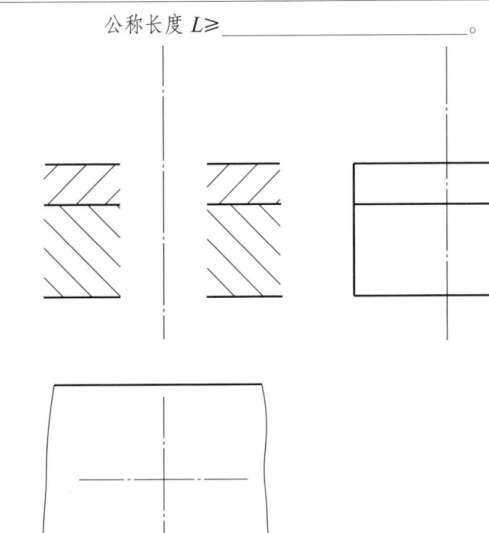

6-14 下图双头螺柱连接画法中有错误，将正确的双头螺柱连接视图画在右方。

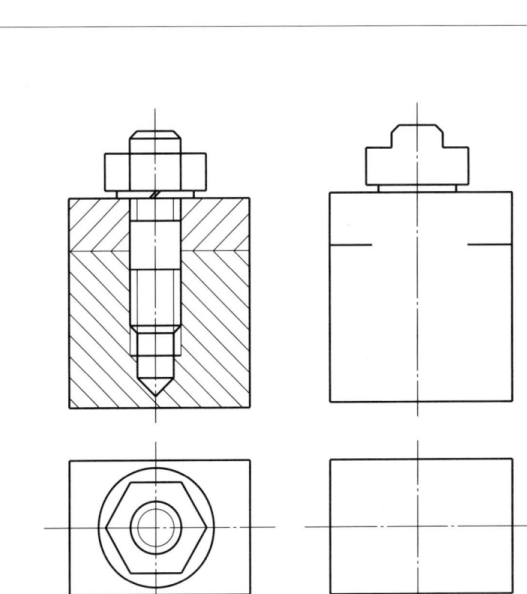

班 级	姓 名	学 号	审 阅	101

6-15 补全螺钉连接图中缺少的图线。

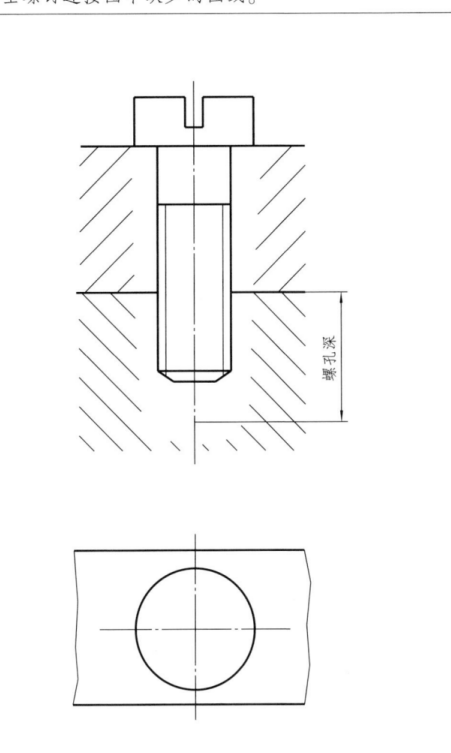

6-16 补全沉头螺钉连接图中缺少的图线。

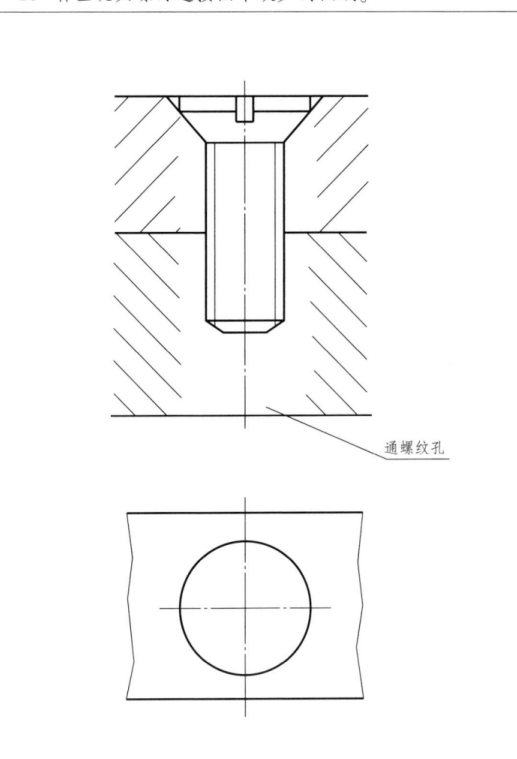

班 级	姓 名	学 号	审 阅

6-17 用A型普通平键 (GB/T 1096—2003 键 $4 \times 4 \times 10$) 连接齿轮和轴，查表确定键槽的尺寸，完成轴、齿轮上的键槽表达（标注键槽的尺寸）及键连接图。

6-18 图 (a) 为轴、齿轮和销的视图，在图 (b) 上画出用销联接轴和齿轮的装配图。

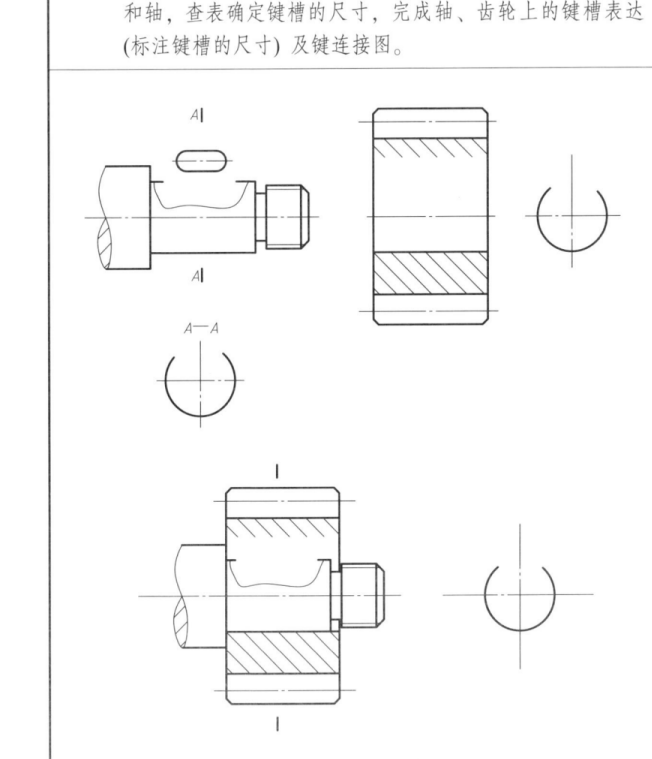

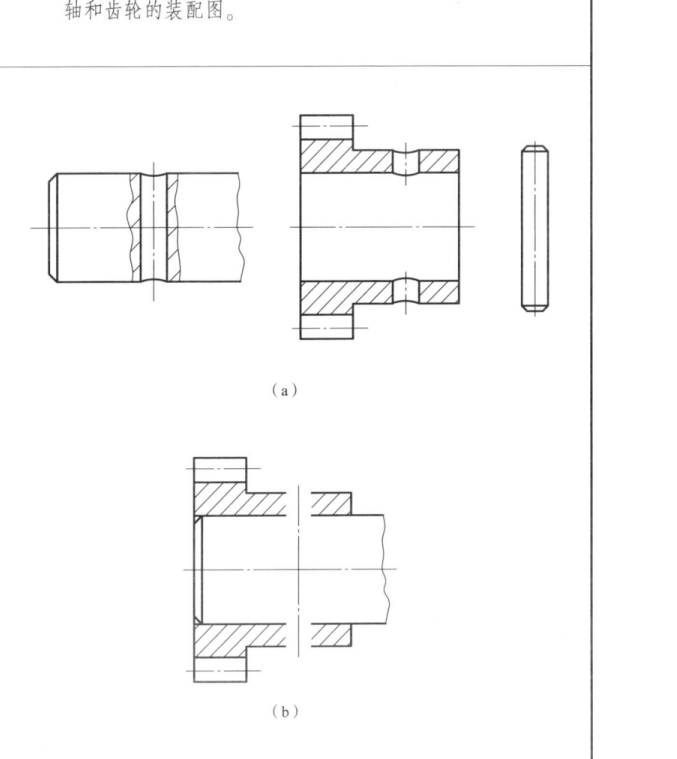

班 级	姓 名	学 号	审 阅	103

6-20 用1:1的比例画出零件图草稿并标注尺寸，图解手绘，圆角为R不注明。轴的直径为50 mm，长到耳两端4 mm，生出12 mm长，具体额图10，长圆轮廓2.5，粗牙。

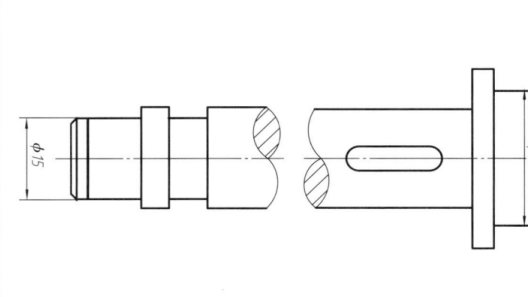

6-19 开转轴转到耳长25 mm（滚动轴承6205 GB/T 276—2013，孔15 mm滚）长到临长到耳转轴转6202 GB/T 276—2013（滚动轴承）型号出图平国零件草稿转。

6-21 已知标准直齿圆柱齿轮的模数为 2.5，齿数为 20，填表并完成齿轮的主、左视图。

	齿顶高 h_a	齿根高 h_f	全齿高 h	分度圆直径 d	齿顶圆直径 d_a	齿根圆直径 d_f
公式						
数值						
线型	—	—	—			

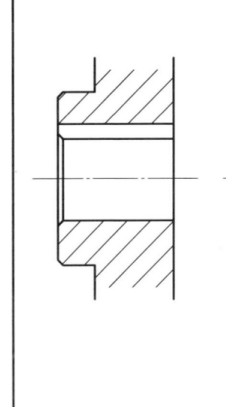

6-22 已知大齿轮模数为 3，齿数为 16，小齿轮齿数为 14，完成齿轮啮合图，计算中心距。

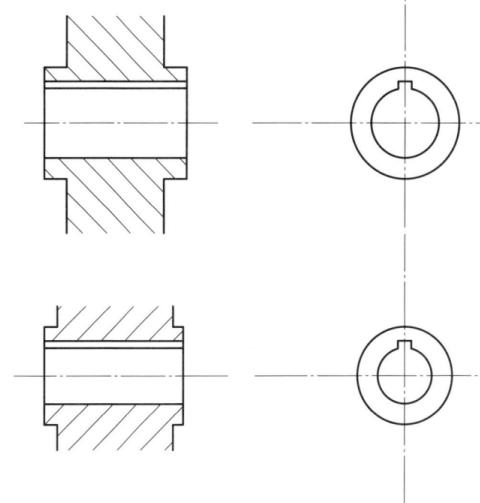

中心距 a = _____。

班 级		姓 名		学 号		审 阅	

6-23 综合题。用图中给定标准件连接左、右轴，按1:1比例绘制。其中螺栓连接共4组，均匀分布，按比例绘制，其余标准件的尺寸查教材附表确定。

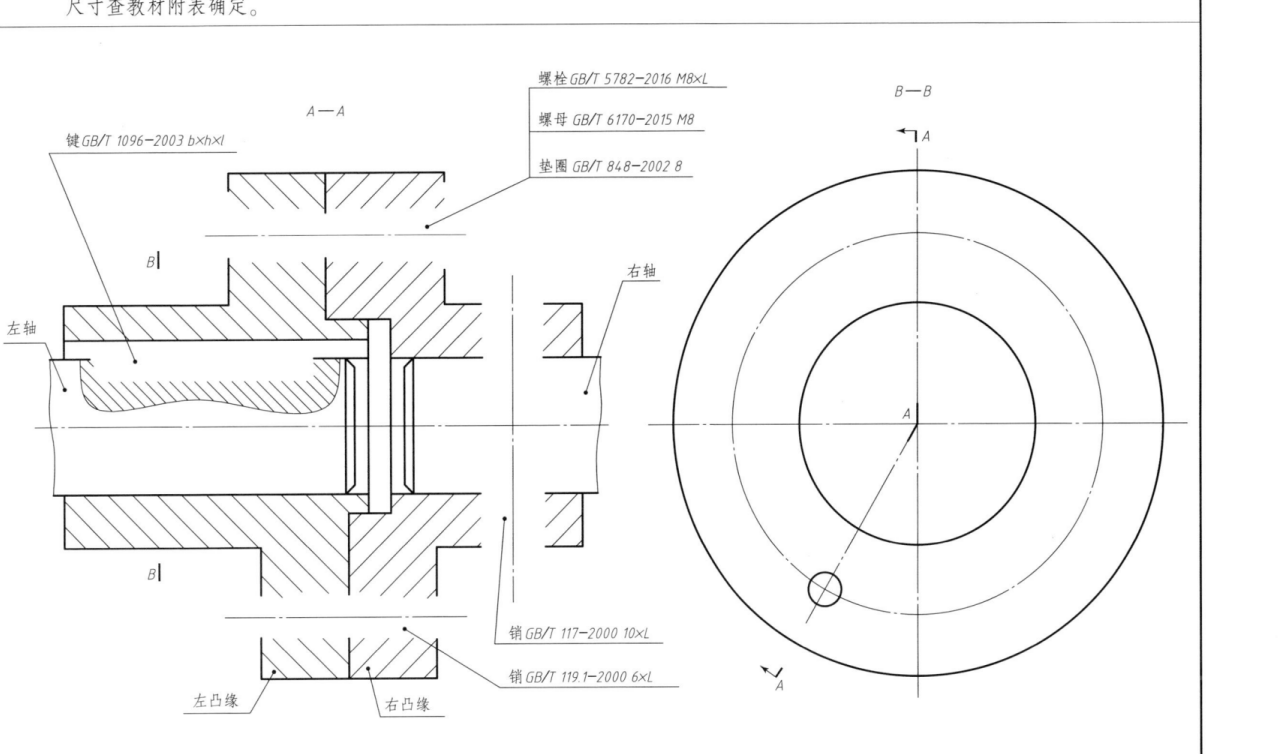

6-24 将下图轴系装配按2:1的比例画在A3图纸上，标准件尺寸查表确定（未注尺寸自定）。

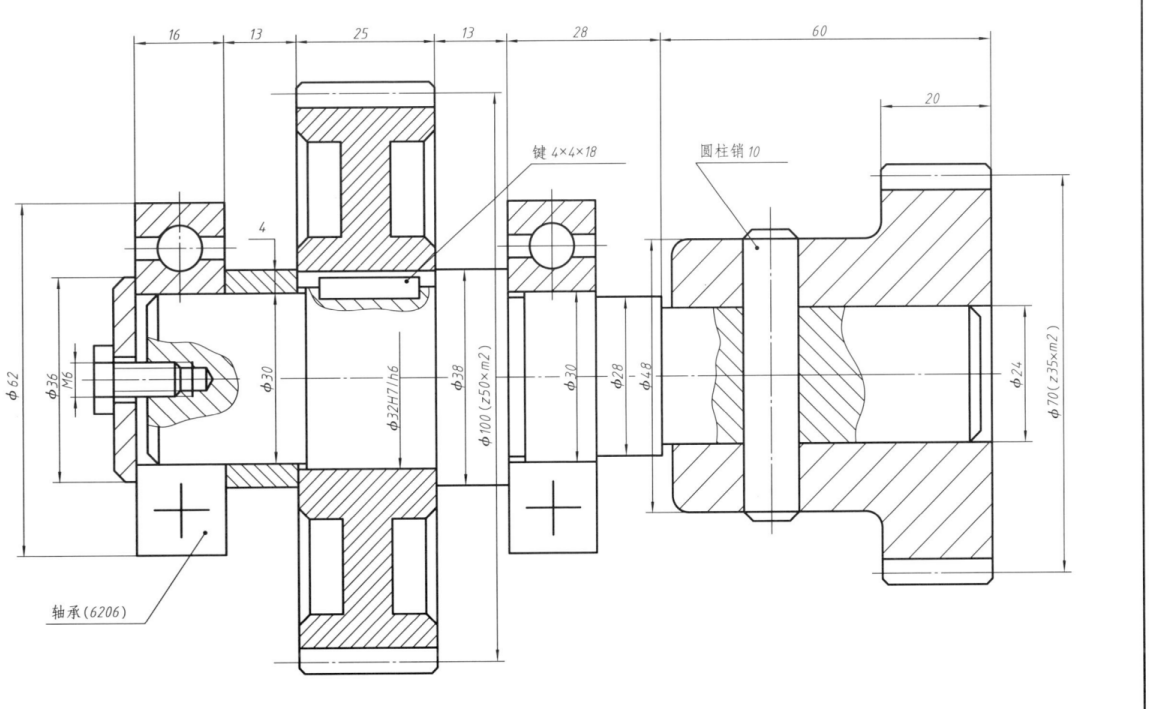

班 级	姓 名	学 号	审 阅	107

第7章 零件图

7-1 选择正确的零件标注方式。

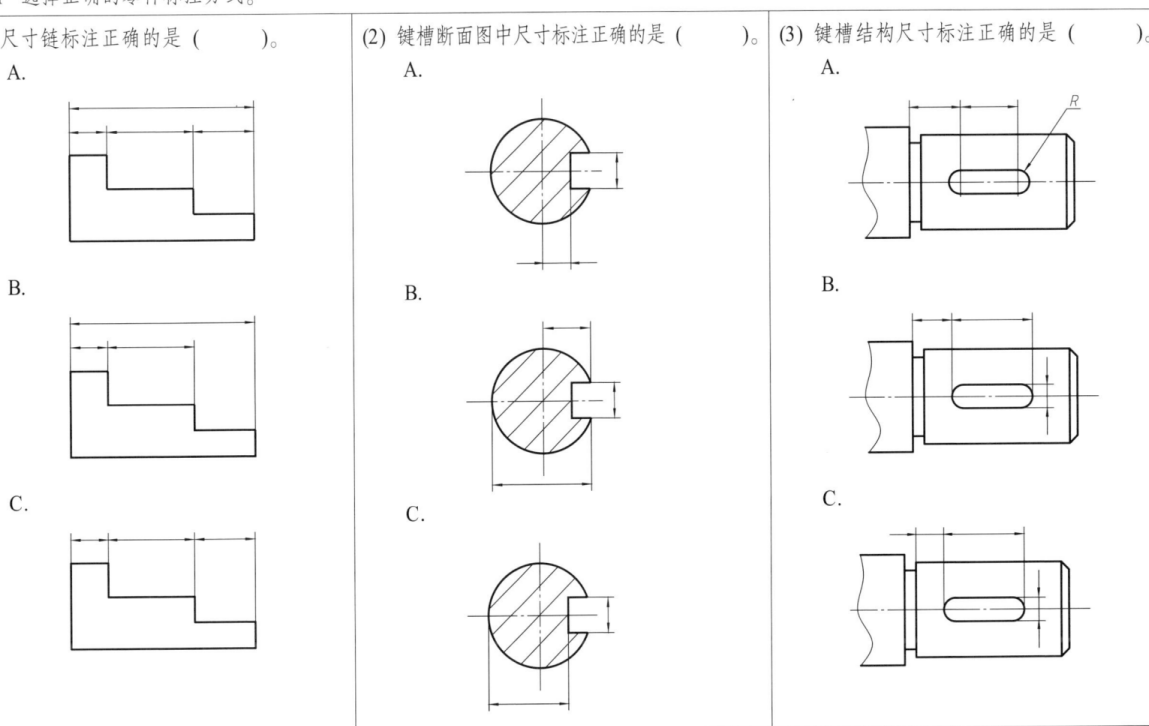

班 级	姓 名	学 号	审 阅	108

7－2 选择正确的零件标注方式。

(1) 退刀槽尺寸标注正确的是（　　）。

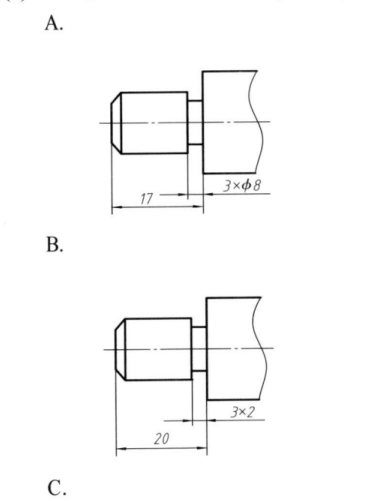

(2) 倒角尺寸标注正确的是（　　）。

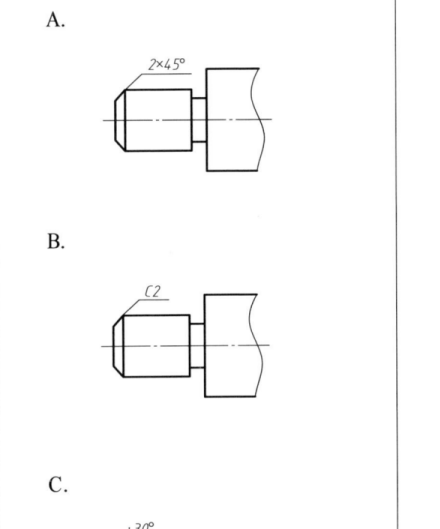

(3) 钻孔结构尺寸标注正确的是（　　）。

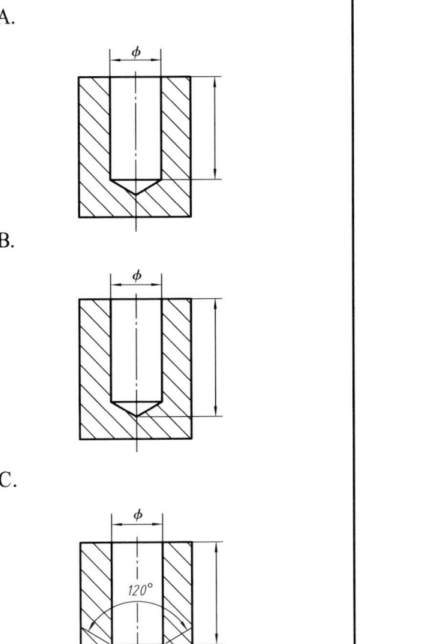

班 级	姓 名	学 号	审 阅

7－3 判断下面四组零件图尺寸标注的正误 (正确的画√，不正确的画×)，并用铅笔圈出错误处。

(1)

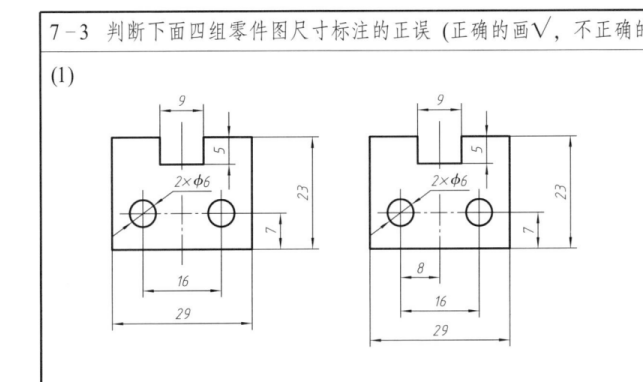

(　　)　　　　(　　)

(2)

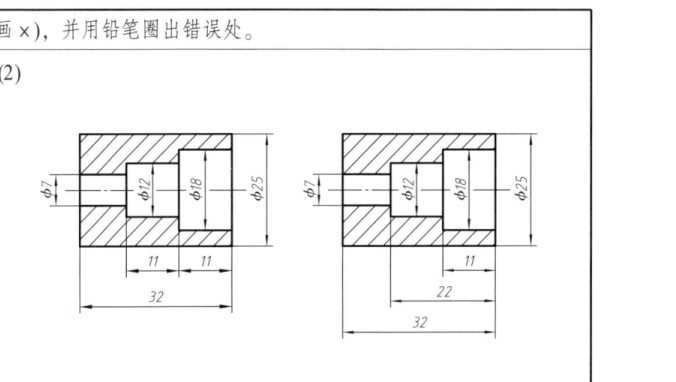

(　　)　　　　(　　)

(3)

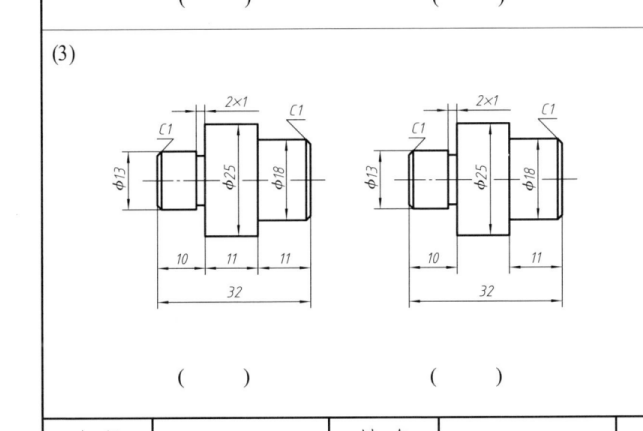

(　　)　　　　(　　)

(4)

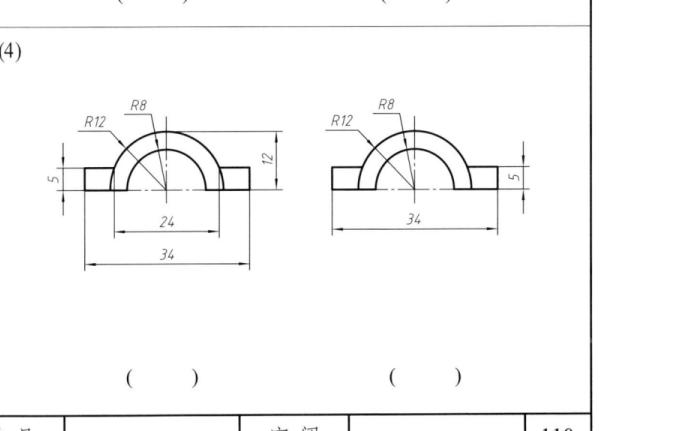

(　　)　　　　(　　)

| 班 级 | | 姓 名 | | 学 号 | | 审 阅 | | 110 |

7-4 下列结构哪些合理，哪些不合理？(合理的画 $\sqrt{}$，不合理的画 $\times$)。

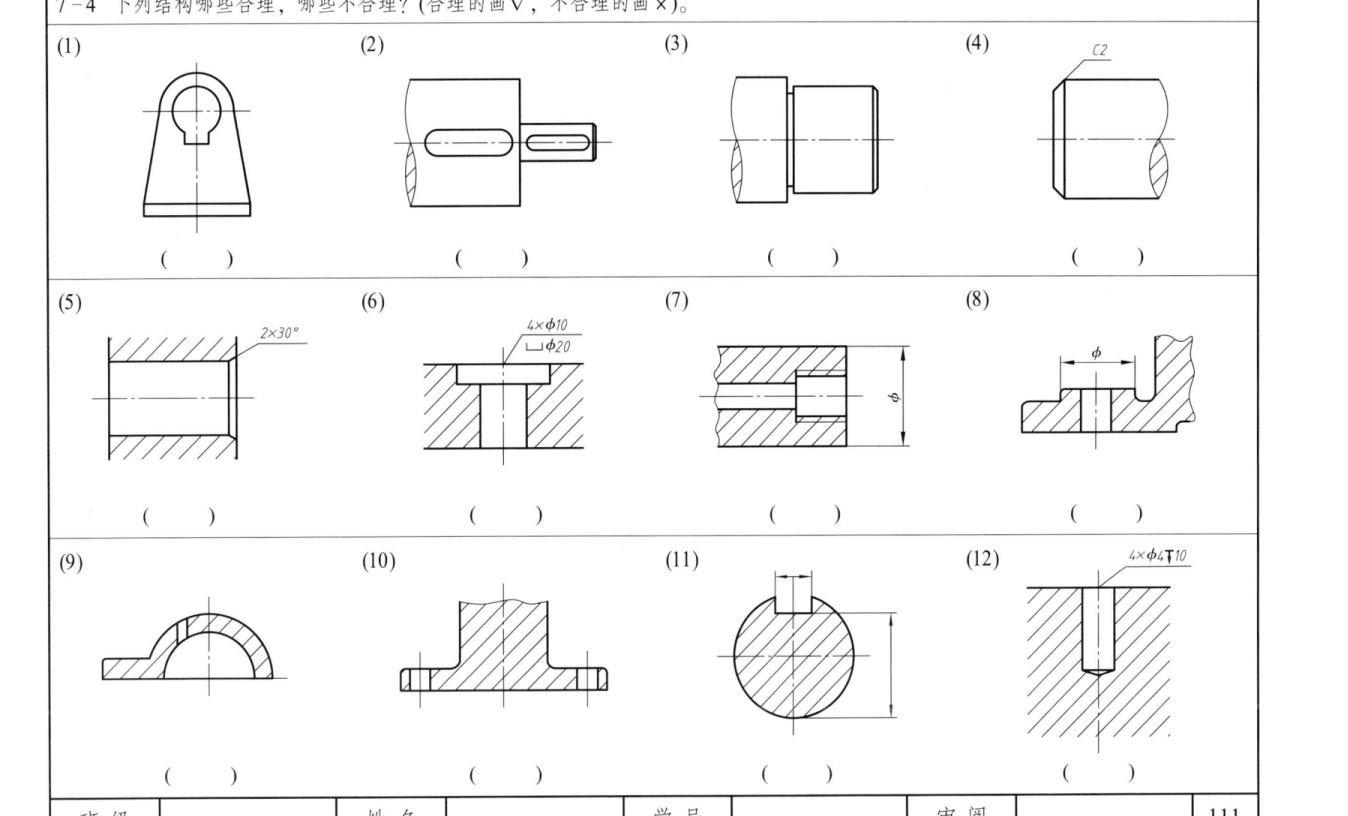

7-5 指出下列各图中表面粗糙度哪个正确（在正确处画√）。

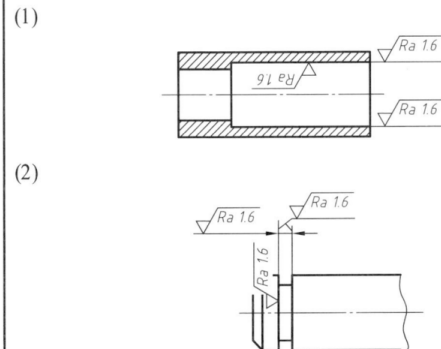

7-7 按要求标注零件表面粗糙度。

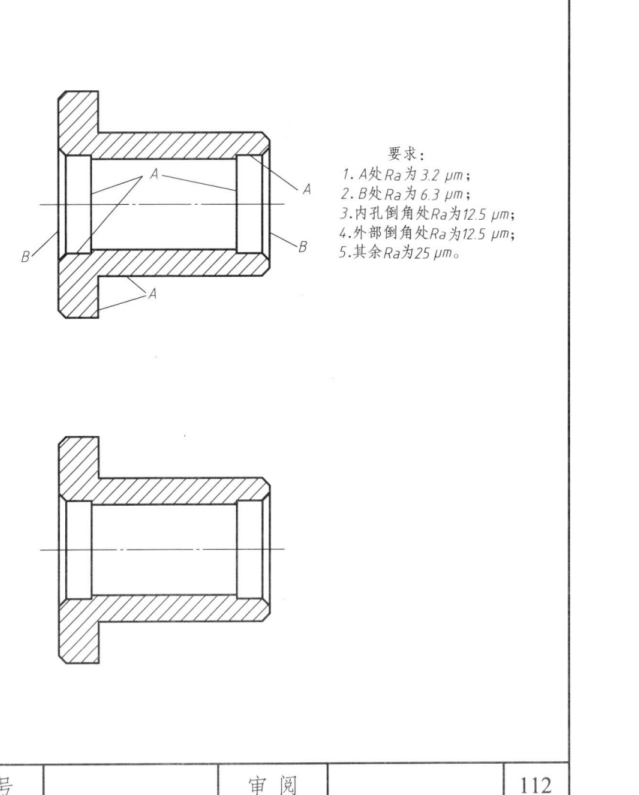

要求：
1. A处 Ra 为 $3.2 \mu m$;
2. B处 Ra 为 $6.3 \mu m$;
3. 内孔倒角处 Ra 为 $12.5 \mu m$;
4. 外部倒角处 Ra 为 $12.5 \mu m$;
5. 其余 Ra 为 $25 \mu m$。

7-6 按表中给出的 Ra 值，在图中标注表面粗糙度。

表面	A	B	C	D	其余
$Ra/\mu m$	6.3	12.5	3.2	6.3	25

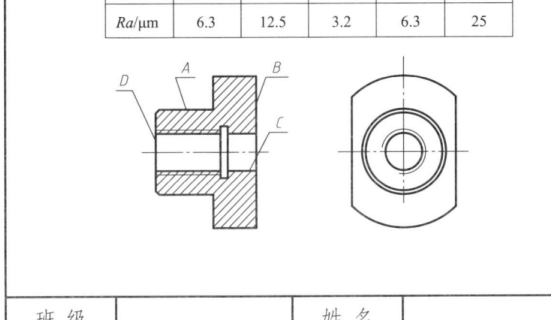

7-8 表面粗糙度与公称尺寸。

(1) 根据零件图计算表中的尺寸，并在装配图中注出公称尺寸和配合代号。

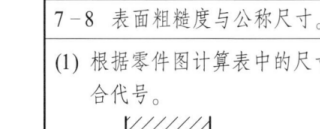

尺寸名称	公称尺寸	上极限尺寸	下极限尺寸	上极限偏差	下极限偏差	公差	配合基准制	配合种类
数值/mm 孔				ES =	EI =			
轴				es =	ei =			

(2) 根据装配图，在相应的零件图上分别标注出公称尺寸和极限偏差，并说明配合代号的含义。

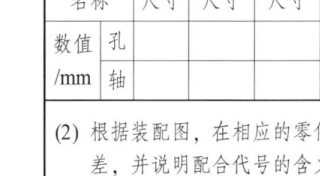

$\phi 20 \dfrac{H8}{f7}$：公称尺寸为_____，基准制为_____，配合种类为_____，孔的公差带代号为_____，轴的公差带代号为_____。

$\phi 28 \dfrac{H7}{r6}$：公称尺寸为_____，基准制为_____，配合种类为_____，孔的公差带代号为_____，轴的公差带代号为_____。

(3) 将正确注法写在括号内。

A. $\phi 70_{-0.046}$（　　　　）

B. $\phi 20^{-0.02}_{-0.041}$（　　　　）

C. $\phi 90_{\pm 0.011}$（　　　　）

D. $\phi 25^{+0.021}_{0}$（　　　　）

(4) 查表，将孔的极限偏差数值写在括号内。

A. $\phi 50H8$（　　　　）

B. $\phi 20JS7$（　　　　）

C. $\phi 40F8$（　　　　）

D. $\phi 50h7$（　　　　）

(5) 查表，将轴的极限偏差数值写在括号内。

A. $\phi 35r6$（　　　　）

B. $\phi 60f8$（　　　　）

C. $\phi 50h7$（　　　　）

D. $\phi 70j5$（　　　　）

(6) 查表，将公差带代号写在公称尺寸之后。

孔 $\begin{cases} \phi 30 & \binom{+0.033}{0} \\ \phi 40 & \binom{-0.008}{-0.033} \end{cases}$ 　　孔 $\begin{cases} \phi 35 & \binom{0}{-0.039} \\ \phi 60 & \binom{+0.030}{+0.011} \end{cases}$

7-9 解释图中几何公差的含义。

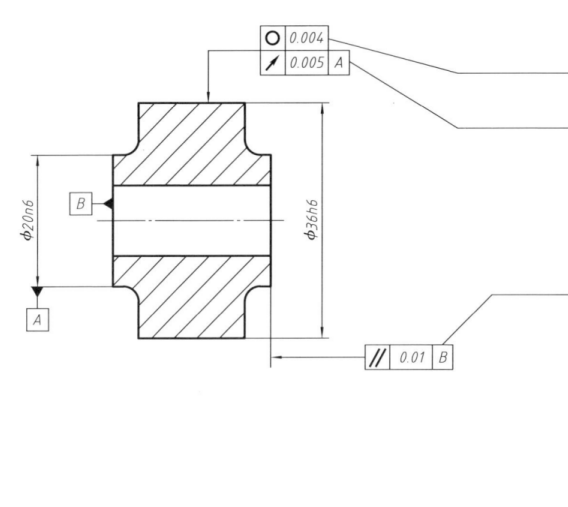

7-10 ϕ28h7 轴线对 ϕ15h6 轴线的同轴度公差为 ϕ0.015 mm，标注其几何公差代号。

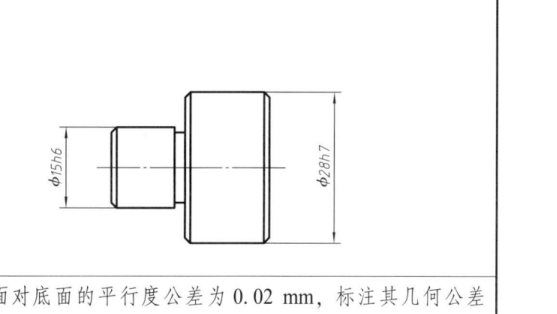

7-11 顶面对底面的平行度公差为 0.02 mm，标注其几何公差代号。

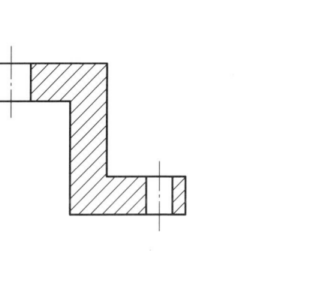

| 班 级 | | 姓 名 | | 学 号 | | 审 阅 | | 114 |

7-15 阅读支架零件图，在指定位置将俯视图改成半剖视图，并绘制 $A—A$ 断面图。

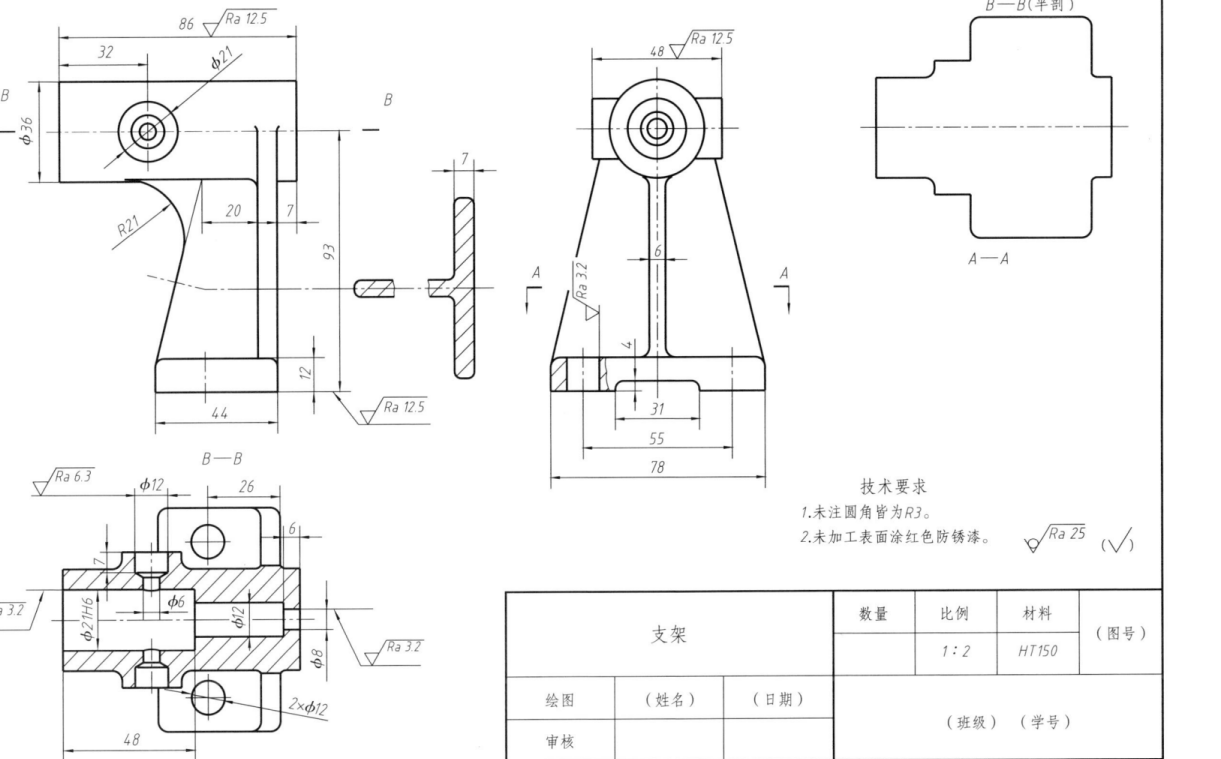

第 8 章 装配图

8－1 根据千斤顶的零件图绘制装配图。

1. 了解该装配体的工作原理；
2. 看懂各零件图，并将非标准件填入右侧表格；
3. 绘制装配图。

5					
4					
3					
2					
1					
序号	代号	名称	数量	材料	备注

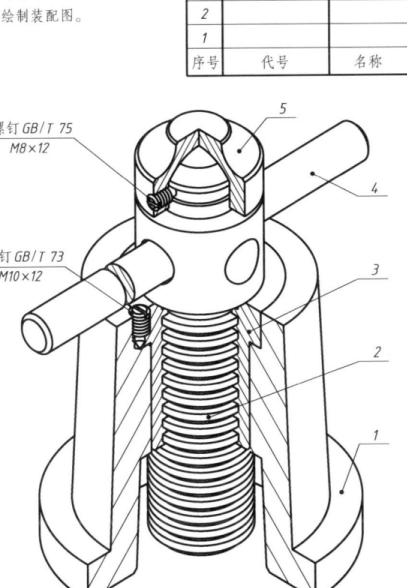

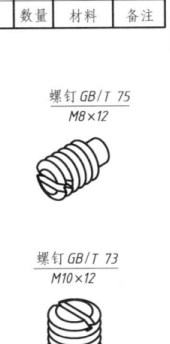

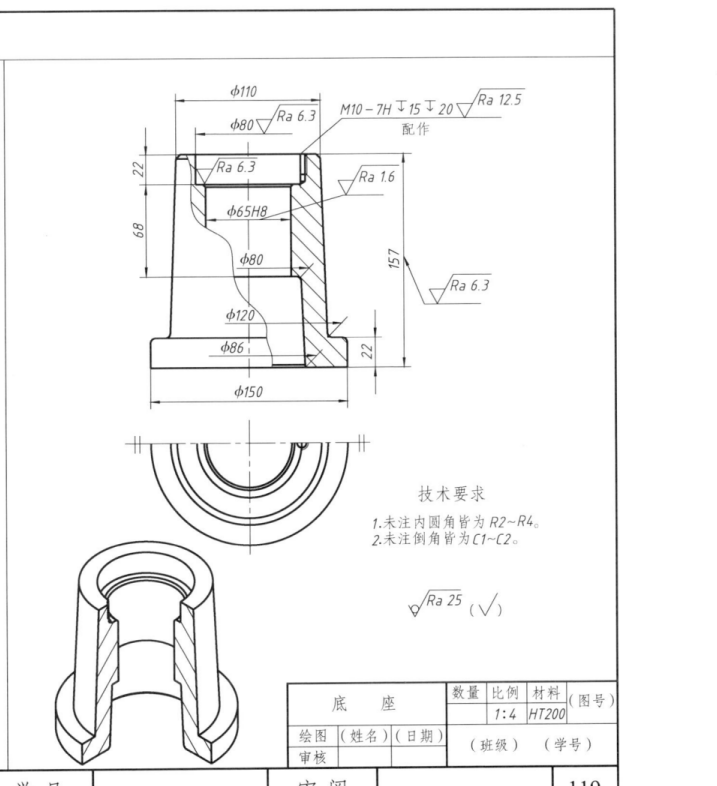

8-2 根据安全阀装配示意图和零件图绘制装配图。

一、工作原理

安全阀是一种安装在输油（液体）管路中的安全装置。工作时，阀门靠弹簧的预紧力处于关闭状态，油（液体）从阀体左端孔流入，经下端孔流出。当油压超过额定压力时，阀门被顶开，过量油（液体）就从阀体和阀门开启后的缝隙间经阀体右端孔管道流回油箱，从而使管路中的油压保持在额定的范围内，起到安全保护的作用。调整螺杆可调整弹簧预紧力。为防止螺杆松动，其上端用螺母锁紧。

二、作业目的和要求

1. 了解装配图的内容和作用，读懂安全阀的全部零件图。
2. 了解由零件图拼画装配图的方法和步骤。
3. 在A2图纸上用恰当的表达方案绘制出安全阀的装配图，比例为1:1。

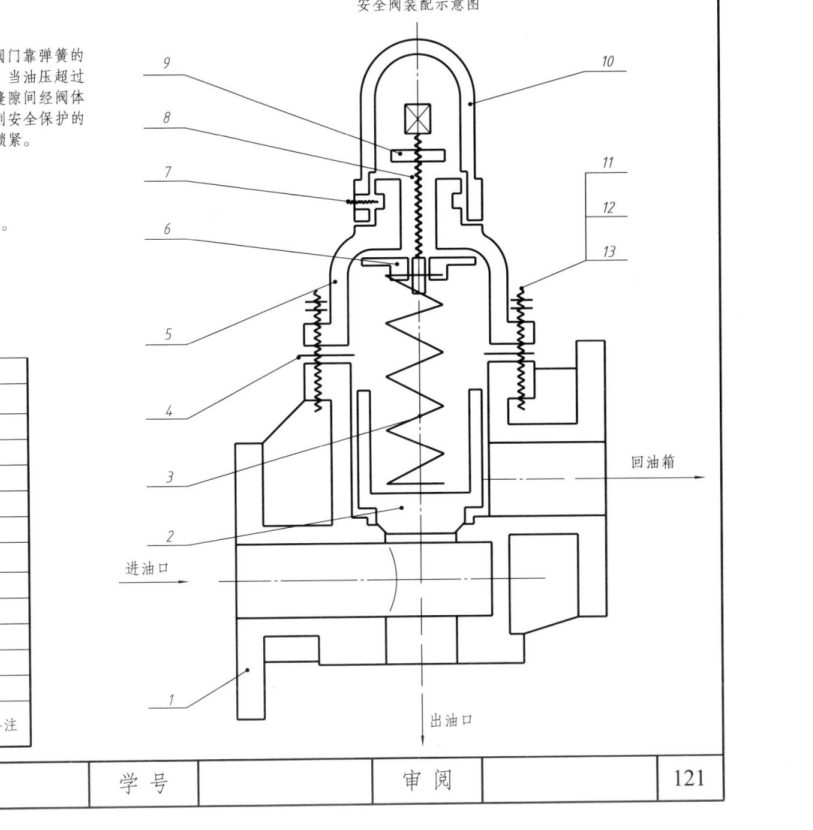

安全阀装配示意图

安全阀零件列表

序号	代号	名称	数量	材料	备注
1	XT 101-001	阀体	1	HT200	
2	XT 101-002	阀门	1	H62	
3	XT 101-003	弹簧	1	65Mn	
4	XT 101-004	垫片	1	工业用纸	
5	XT 101-005	阀盖	1	HT200	
6	XT 101-006	托盘	1	H62	
7	GB/T 75—2018	紧定螺钉$M5×8$	1	Q235A	
8	XT 101-007	螺杆	1	Q235A	
9	GB/T 6170—2000	阀帽	1	Q235A	
10	XT 101-008	阀帽	1	Q235A	
11	GB/T 6170—2015	螺母M6	4	Q235A	
12	GB/T 97.1—2002	垫圈6	4	Q235A	
13	GB 899—1988	螺柱 $M6×20$	4	Q235A	

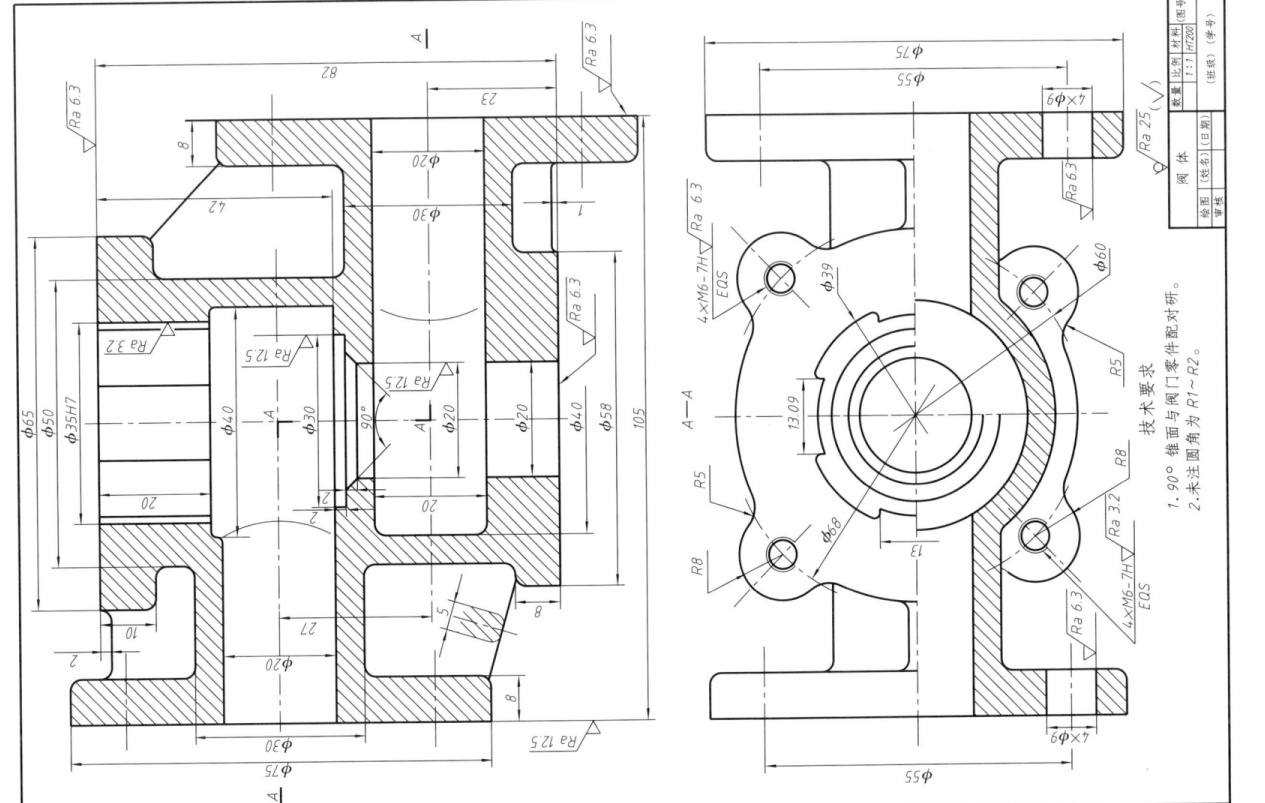

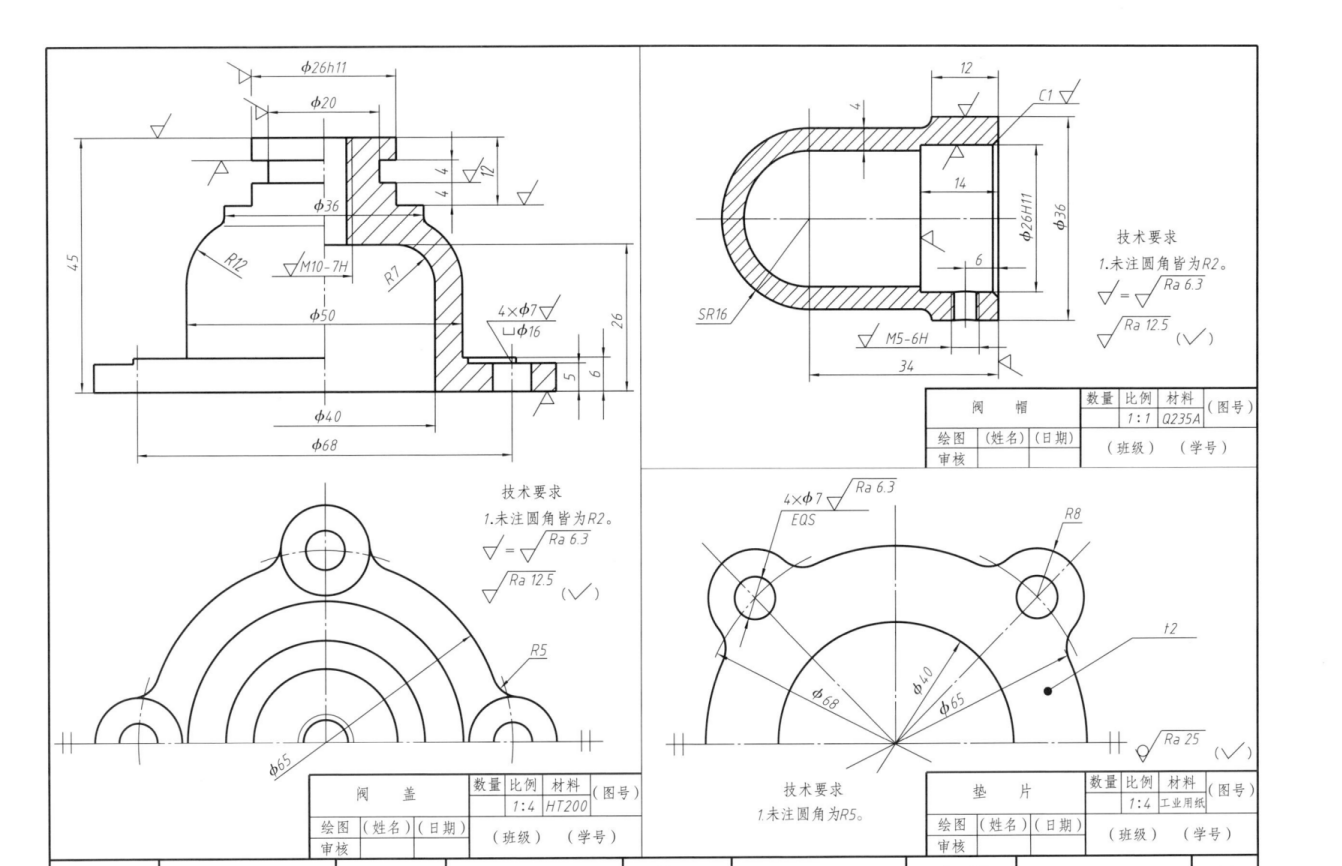

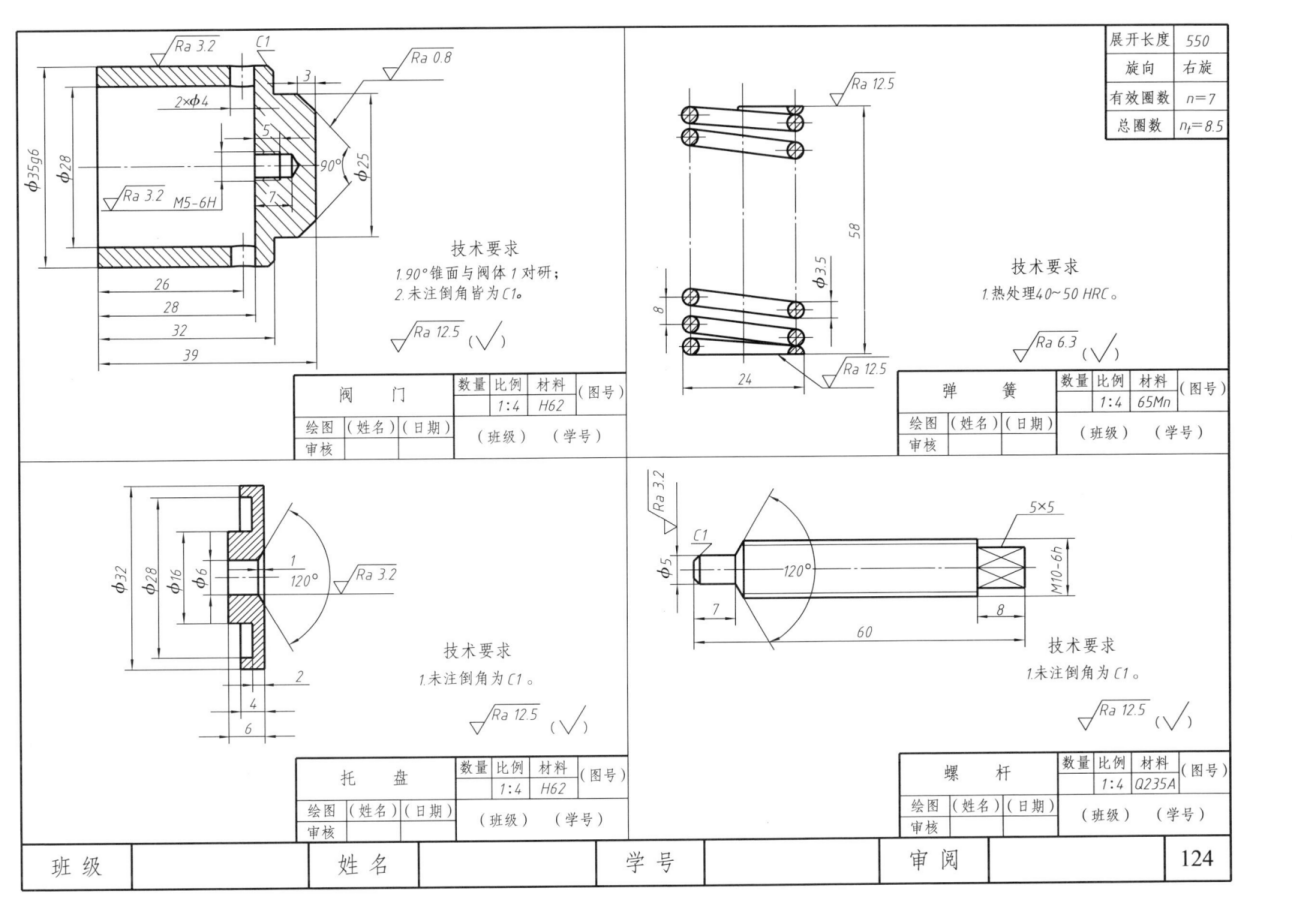

8-3 读平口钳装配图，并拆画零件图。

1. 工作原理

平口钳用于装卡被加工的零件。使用时，将固定钳体8安装在工作台上，旋转丝杠10推动套螺母5及活动钳体4作直线往复运动，从而使钳口板开合，以松开或夹紧工件。紧固螺钉5用于加工时锁紧套螺母6，以防止零件松动。

2. 读平口钳装配图，完成下列读图要求。

1）回答问题

(1) 平口钳由_____种零件组成，其中序号是_____的零件是标准件。主视图采用_____剖，左视图采用_____剖，俯视图采用_____剖。

(2) 活动钳体4靠_____与套螺母5连接在一起。转动_____带动_____移动，从而带动活动钳体作往复直线运动。

(3) 紧固螺钉6上面的两个小孔起什么作用?

(4) 丝杠10和挡圈1用_____连接。钳口板7与固定钳体8用_____连接。

(5) 垫圈3和9的作用是什么?

(6) 下列尺寸各属于装配图中的何种尺寸?

$0 \sim 91$ 属于_____尺寸，$\phi 28H8/f8$ 属于_____尺寸，160 属于_____尺寸，270 属于_____尺寸。

(7) $\phi 28H8/f8$ 是_____和_____的配合尺寸，轴孔配合属于_____制_____配合。$\phi 28$ 是_____尺寸，$H8$ 是_____代号，f 是_____代号。

2）根据平口钳装配图拆画零件图。

(1) 用 $1:1$ 的比例在A3方格纸上拆画固定钳体8的零件图。各表面的表面粗糙度参数 Ra 值 (um) 可按以下要求标注:

两端轴孔表面可选1.6，上表面及方槽中的接触表面可选3.2，安装钳口板处两表面可选6.3，其余切削加工面可选25，铸造表面为 $\sqrt{Ra\ 25}$。

(2) 用 $1:1$ 的比例在A3方格纸上拆画活动钳体4的零件图（只画视图，不标注尺寸及表面粗糙度要求等）。

| 班 级 | | 姓 名 | | 学 号 | | 审 阅 | | 125 |

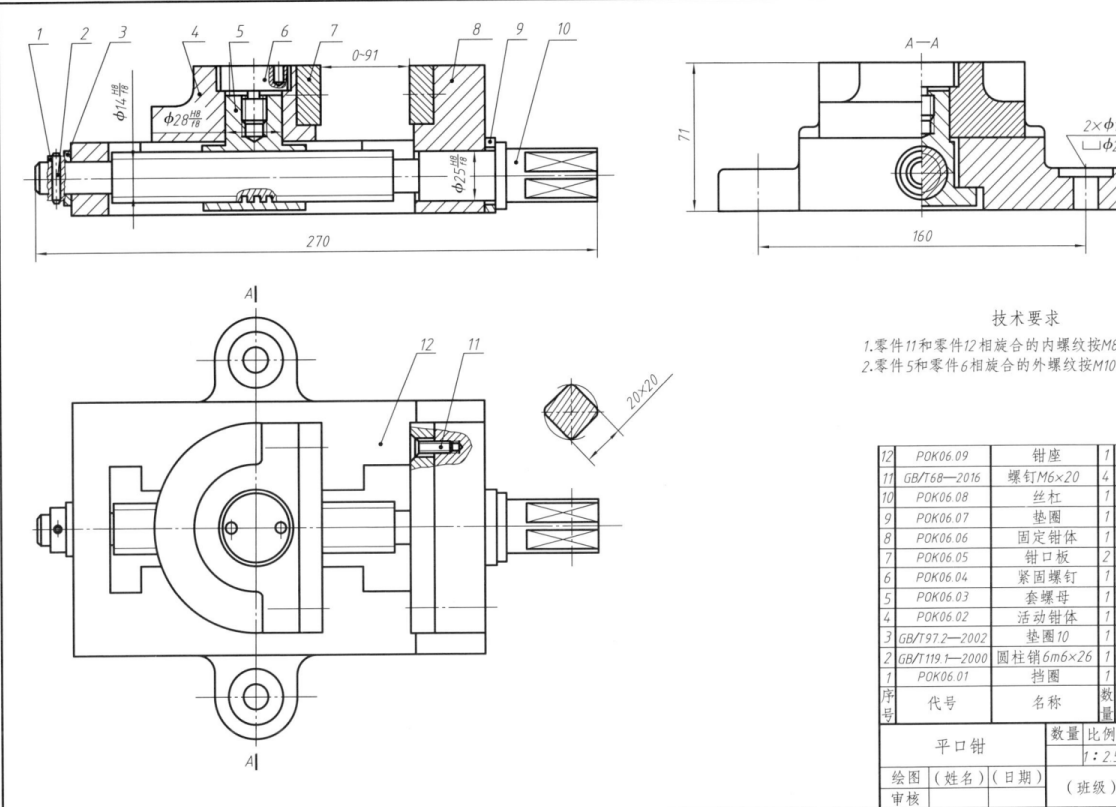

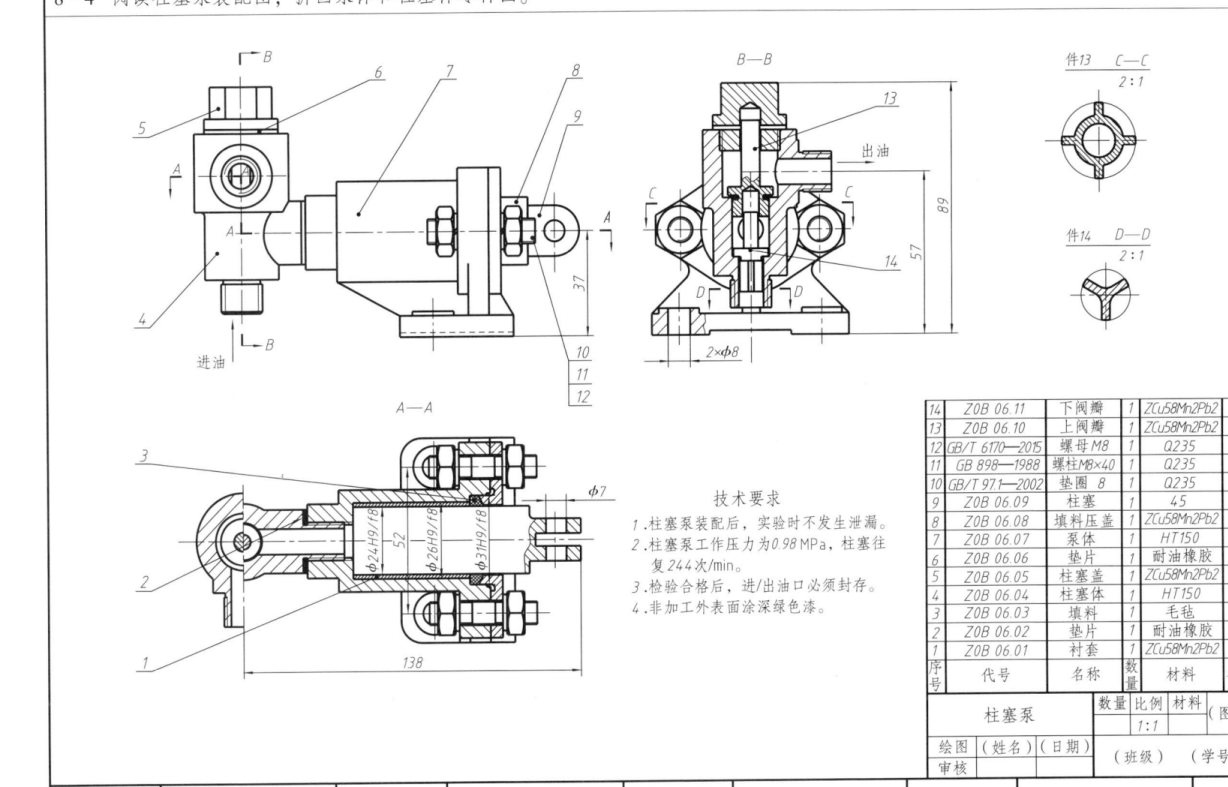

8-5 阅读微动机构装配图，拆画支座、导杆和导套零件图。

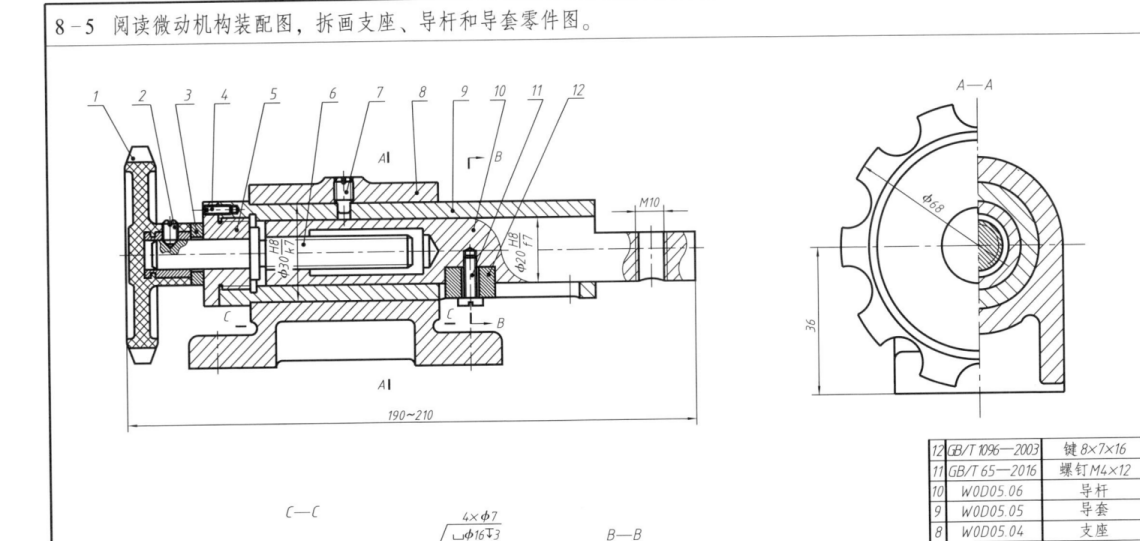

技术要求
1.装配后当转动手轮时，螺杆转动灵活且导杆的轴向移动平稳。

序号	代号	名称	数量	材料	备注
12	GB/T 1096—2003	键 $8×7×16$	1	45	
11	GB/T 65—2016	螺钉 $M4×12$	1	Q235	
10	W0D05.06	导杆	1	45	
9	W0D05.05	导套	1	45	
8	W0D05.04	支座	1	ZL103	
7	GB/T 75—2018	紧定螺钉 $M6×12$	1	Q235	
6	W0D05.03	螺杆	1	45	
5	W0D05.02	轴套	1	45	
4	GB/T 73—2017	紧定螺钉 $M3×8$	1	Q235	
3	GB/T 97.1—2000	垫圈 10	1	Q235	
2	GB/T 71—2018	紧定螺钉 $M5×8$	1	Q235	
1	W0D05.01	手轮	1	酚醛树脂	

微动机构 数量 比例 材料 图号 1:1

8－6 阅读手压阀装配图，拆画阀体、压盖和阀杆零件。

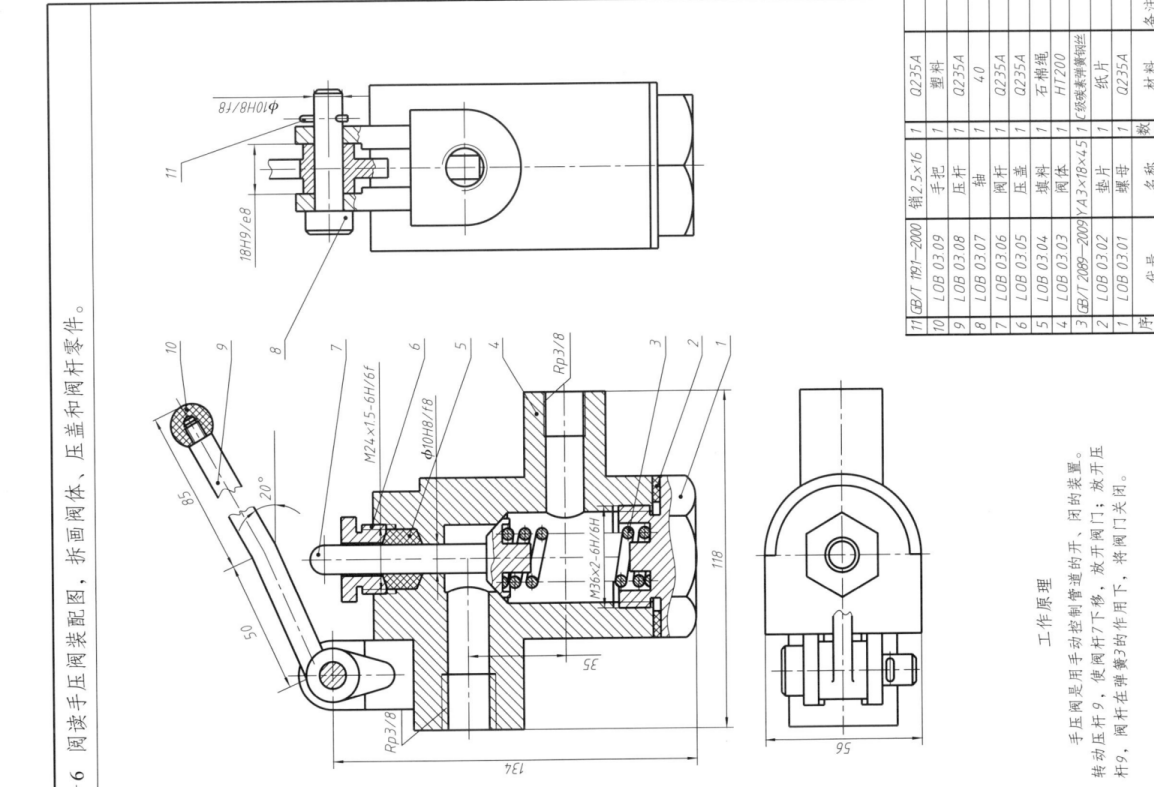

工作原理

手压阀是用手动控制管道的开、闭的装置。

转动压杆9，使阀杆7下移，阀杆在弹簧3的作用下，将阀门关闭。

杆9，阀杆在弹簧3的作用下，放开阀门；放开压

序号	代号	名称	数量	材料	备注
11	GB/T 791—2000	销2.5×16	1		
10	LOB 0309	手把	1	Q235A	
9	LOB 0308	压杆	1	黄铜	
8	LOB 0307	轴	1	Q235A	
7	LOB 0306	阀杆	1	40	
6	LOB 0305	压盖	1	Q235A	
5	LOB 0304	填料	1	石棉编	
4	LOB 0303	阀体	1	HT200	
3	GB/T 2089—2009	Φ3×18×4.5	1	七线编织弹簧	
2	LOB 0302	垫片	1	纸片	
1	LOB 0301	膜片	1	Q235A	

绘图 | 手 压 阀 | 装置比例 | 材料
审核 | (姓名）（日期） | | （班级） （学号）

班 级	姓 名	学 号	审 阅

8-7 填空题。

1. 在装配图中，相邻零件的剖面线的倾斜方向应（　　），或方向一致而剖面线间隔（　　），在同一张装配图中，零件的剖面线方向（　　），间隔（　　）。
2. 在一张完整的装配图中，应包含（　　）、（　　）、技术要求、零件序号、标题栏以及明细栏。
3. 在装配图中，可将螺母、螺栓、销等紧固件的投影视图省略，用（　　）线表示出其中心所在位置。
4. 装配图中的零件除标准件外，其余零件均应称为（　　）。
5. 极限尺寸减其基本尺寸所得的代数差称为（　　）。
6. 在装配图中，（　　）不需要标注。
7. 剖视图的标注要素是指（　　）、（　　）以及字母。
8. 表达机械零部件的图样称为（　　），该图样能够清楚表达出各组成部分之间（　　）、（　　）以及装配关系。
9. 在装配图中，标注为 $\phi 25H9/h9$ 表示的是（　　）。
10. 装配图的假想画法中，用（　　）来表达运动零件极限位置的外轮廓。

8-8 选择题。

1. 装配图的一组视图中，不一定要求完整地表达（　　）。
   A. 零件间的装配关系
   B. 机器（或部件）的工作原理
   C. 各零件的结构形状
   D. 机器（或部件）的传动系统

2. 除了一组视图外，装配图中还应包括（　　）。
   A. 形状和位置公差
   B. 零件的详细的结构尺寸
   C. 零（部）件序号和明细栏
   D. 表面粗糙度

3. 装配图所表达的装配关系主要包括零件之间的（　　）。
   A. 相对位置和连接方式＋配合性质和装拆顺序
   B. 配合性质和装拆顺序＋主要结构形状和工作原理
   C. 相对位置和连接方式＋主要结构形状和工作原理
   D. 相对位置和连接方式＋配合性质和装拆顺序＋主要结构形状和工作原理

4. 在装配图中，允许将（　　）夸大画出。
   A. 直径为 2.5 mm 的孔
   B. 2.5 mm 的间隙
   C. 零件表面的微观不平
   D. 厚度为 1.5 mm 的垫片

5. 以下有关装配图的说法错误的是（　　）。
   A. 所有的零、部件都必须编写序号
   B. 用细双点画线来表示运动零件极限位置的外轮廓
   C. 所有的零、部件序号须一致
   D. 倒角可以省略不画
   E. 装配图中的标题栏不可省略
   F. 装配图中应标明技术要求

参考文献

[1] 王琳，张铭真. 工程制图习题集 [M]. 北京：北京理工大学出版社，2018.

[2] 丁业升. 机械制图 [M]. 北京：北京理工大学出版社，2020.

[3] 胡建生. 机械制图习题集 [M]. 北京：机械工业出版社，2020.

[4] 王启美，吕强. 机械制图习题集 [M]. 北京：人民邮电出版社，2021.

[5] 李锡蓉. 机械制图项目化教学习题集. [M]. 北京：机械工业出版社，2018.

[6] 吕海霆，刘军. 现代工程制图习题集 [M]. 北京：机械工业出版社，2012.

[7] 刘军，王琳. 工程制图习题集 [M]. 北京：机械工业出版社，2015.

[8] 王国顺，李宝良. 工程制图 [M]. 北京：北京邮电大学出版社，2009.

[9] 许睦旬. 画法几何及工程制图习题集 [M]. 北京：高等教育出版社，2017.

[10] 赵大兴. 工程制图习题集 [M]. 北京：高等教育出版社，2009.

[11] 李兴田，张丽萍. 工程制图习题集 [M]. 北京：北京理工大学出版社，2013.

[12] 曾红，姚继权. 画法几何及机械制图学习指导 [M]. 北京：北京理工大学出版社，2014.

[13] 李才波，高雪强. 工程制图习题集 [M]. 北京：机械工业出版社，2014.

[14] 杨小兰. 机械制图习题集 [M]. 北京：机械工业出版社，2014.

[15] 包玉梅，周雁丰. 机械制图与 CAD 基础习题集 [M]. 北京：机械工业出版社，2014.

[16] 张佑林. 机械工程图学基础教程习题集 [M]. 2 版. 北京：人民邮电出版社，2015.